Christoph Mörstedt
Frank-Michael Kiel-Steinkamp

Wollnse ma fahn?
Historische Fahrzeuge im Praxistest

Christoph Mörstedt • Frank-Michael Kiel-Steinkamp

WOLLNSE MA FAHN?

Historische Fahrzeuge im Praxistest

Landwirtschaftsverlag Münster

Die Autoren

Christoph Mörstedt, geboren 1958 in Hamburg, aufgewachsen in Werne an der Lippe, hat Geschichte und Sozialwissenschafen an den Universitäten Bielefeld und Göttingen mit dem Schwerpunkt Wirtschafts- und Technikgeschichte studiert. Er arbeitet als Kulturreferent des Kreises Herford in Ostwestfalen und ist für den dortigen Kreisheimatverein tätig. Mörstedt hat eine Studie über historische Mühlentechnik sowie Schriften zur Regionalgeschichte veröffentlicht. Als Autor und freier Journalist legt er besonderen Wert auf die allgemein verständliche Darstellung historischer Themen. 2008 erhielt er den Journalistenpreis Münsterland.

Frank-Michael Kiel-Steinkamp, geboren 1958 im westfälischen Enger, ist seit über 20 Jahren Bildredakteur bei der Bielefelder Tageszeitung „Neue Westfälische". Sein Arbeitsplatz ist die Lokalredaktion Herford, in der in Zusammenarbeit mit dem Kreisheimatverein Herford als Beilage das „HF-Magazin – Heimatkundliche Beiträge aus dem Kreis Herford" entsteht. Kiel-Steinkamp ist bei der Arbeit für die Fahrberichte immer wieder fasziniert davon, mit wie viel Begeisterung und Liebe Sammler und Schrauber ihre alten Schätzchen in Schuss halten.

Bildnachweis

Alle Fotos Frank-Michael Kiel-Steinkamp mit Ausnahme: Seiten 16–20, 22–24, 26, 28–30, 32-36, 42, 43, 45–47, 94–96, 103, 104 o.l. (Mörstedt)

Die Fahrgeschichten sind zuerst erschienen im HF-Magazin des Kreisheimatvereins Herford in Verbindung mit der „Neuen Westfälischen" (Bielefeld) und im „Landwirtschaftlichen Wochenblatt Westfalen-Lippe" (Münster).

Landwirtschaftsverlag GmbH, 48084 Münster

Lektorat:	Gisbert Strotdrees
Korrektorat:	Ilse Eberhardt
Gestaltung:	Susanne Wilbuer, Elena Möllers
Druck:	LV-Druck GmbH & Co. KG, Münster

ISBN 978-3-7843-5112-4

Inhalt

Am Start

Versuch macht klug." Schrauber, Bastler und alte Fahrensleute wissen, wovon sie sprechen. Das Ausprobieren, die eigene Erfahrung helfen bei der Suche nach eleganten Lösungen für verzwickte Probleme meistens weiter als die Theorie, die graue.
So macht es auch dieses Buch. Wie laut geht es in einem Seilbagger wirklich zu? Wie weit kommt man auf einer schweren Michauline ohne Pause?
Was hat ein Dampflokheizer zwischen Kohlenvorrat und Feuerklappe auszuhalten? Wenn wir mehr verstehen wollen von der Zeit, aus der die alten Schätzchen stammen, dann müssen wir sie ausprobieren. Der historischen Wahrheit und den Menschen, die die Fahrzeuge gebaut und verwendet haben, nähern wir uns dabei vielleicht nur ein kleines bisschen. Aber unser Respekt vor den Leistungen unserer Vorfahren, den Nachbarn in der Zeit, steigt erheblich.
Dass wir es nicht nur mit Erfolgsgeschichten zu tun haben, kann nicht überraschen: Irrtümer, Umwege und Sackgassen gehörten zu allen Zeiten zum Leben dazu. So kommen Kuriositäten ans Tageslicht und längst vergessene Blitzideen, von denen heute nur noch Sammler und Spezialtüftler etwas wissen. Sie nehmen uns mit auf Probefahrt. So macht der Versuch Spaß – und klug.

Auf Hof und Acker

Was arbeitet eine Dampfmaschine auf dem Bauernhof? Wieso kann ein Traktor mit Holz fahren? Und was ist das für eine grüne Zugmaschine, die auf dem Hof knallt, dass die Heide wackelt? Landmaschinen aus früherer Zeit offenbaren manchmal seltsame Eigenheiten. Zu ihrer aktiven Zeit waren sie wertvolle Helfer auf Hof und Acker. Bis heute geht von ihnen eine Faszination aus, der schwer zu widerstehen ist.

Alte Dame unter Dampf

Marshall-Lokomobile Klasse „S" von 1923

Drehmoment: Fritz Jöllenbeck zieht die Verschlussschraube an. Dampfkessel müssen dicht sein. Uwe Brinkmann behält die Übersicht.

Die alte Dame ist anspruchsvoll. Nachdem sie sich aus der Scheune an die frische Luft hat ziehen lassen, möchte sie betankt werden. Sie bekommt Wasser. Viel Wasser. Erst nach etwa einer Stunde hat sie genug. Tausend Liter müssen es schon sein, bis ihr Kessel ausreichend voll ist. Dann möchte sie es warm haben. Uwe Brinkmann und Fritz Jöllenbeck machen Feuer. Die beiden Landmaschinenspezialisten vom Alttraktorenclub Dreyen in Enger erwecken unser Testobjekt zum Leben: Eine Marshall-Lokomobile von 1923. Lokomobilen sind Dampfmaschinen. Auf einem Fahrgestell montiert, wurden sie von Pferden oder Traktoren gezogen und in der Landwirtschaft eingesetzt. Meist trieben sie Dreschmaschinen an. Lohndreschunternehmen zogen damit nach der Ernte von Hof zu Hof, um den Getreidevorrat auszudreschen. Die Dreyener Treckerfreunde führen es auf ihren Dreschtagen heute noch vor.

Lokomobile: Maschinen wie diese trieben Dreschkästen, Sägen und Mühlen an. Nur selbst fahren konnten sie nicht.

Lokomobilen kamen aber auch als Aushilfskraft in Getreidemühlen zum Einsatz oder liefen in Sägewerken – wie unsere Maschine. Sie hat ihr Arbeitsleben bis 1970 in Chile verbracht. Von dort holte sie ein Händler nach Holland, wo unsere Maschinisten ihre Bekanntschaft machten. Gebaut wurde sie im englischen Gainsborough bei den Maschinenbauern von Marshall, Sons & Co. 1848 von Mühlenbauer William Marshall gegründet, stellten die Metaller aus Lincolnshire Maschinen für die Landwirtschaft und den Straßenbau her, zu Kriegszeiten auch Munition, Schiffsgeschütze und U-Boote. Zur Zeit der „S"-Modelle, in den 1920er-Jahren also, standen die Dampfmaschinen auf dem Höhepunkt ihrer Karriere. Dampfschiffe überquerten die Ozeane, Lokomotiven die Kontinente. Kaum eine Fabrik kam ohne Dampfkraft aus. Doch auf dem Land bekam sie gerade Konkurrenz von den ersten Traktoren, den Bulldogs und Fordsons.
Inzwischen hat das Kesselwasser zu sieden begonnen, irgendwo blubbert was. Trotzdem zeigt das Manometer keinen

Pfiff: Das Signal der Dampfpfeife geht durch Mark und Bein.

Steuerung: Der Fliehkraftregler mit den drei roten Gewichten reguliert die Drehzahl.

Feuerklappe: Brennholz sorgt für die nötige Wärme.

Messing: Weil Wasser bei Dampfmaschinen eine Hauptrolle spielt, sind viele Teile aus rostfreiem Metall gefertigt. So auch die Pfeife.

Kontrolle: Im Schauglas ist der Ölvorrat ständig sichtbar. An den Probierhähnen lässt sich der Wasserstand im Kessel prüfen.

Dampfdruck an. Das kann nicht sein. Der Moment des Mechanikers ist gekommen: Abbauen. Gängig machen. Einbauen. Und siehe da: Knapp zwei Bar drücken im Kesselinneren. Zeit für einen ersten vorsichtigen Laut aus der Dampfpfeife. Wenn der richtige Betriebsdruck von sieben Bar anliegt, hört sich das anders an.

Wir begeben uns auf einen Rundgang. Massiv – alles an diesem Apparat ist massiv: Die Achsen, die Räder, die Feuerbüchse, Schwungrad, Pleuelstange, Kurbelwelle. Alles massiv. Auch Schornstein, Kolbenventil und Bremskurbeln. Schweres Metall, wo man auch hinguckt. Ein Vorbild für jede Heavy Metal Band.

Kein Wunder, dass ein Gesamtgewicht von fünf Tonnen zusammenkommt. Vollgetankt sind es dann sechs. Die setzen sich jetzt in Bewegung.

Uwe Brinkmann dreht das Schwungrad, öffnet mit dem langen, selbstverständlich massiveisernen Steuerhebel das Hauptventil und die Lokomobile legt los. Zuerst zischt es noch scharf aus zwei Ventilen, dann findet die Maschine ihr Gleichgewicht. Zwei oder drei Stangen gehen leise hin und her, alles andere dreht sich geschmeidig und rund, während die schwere Kiste im Takt des Kolbens zart zu schwingen beginnt. Mehr als 150 Umdrehungen in der Minute muss das Schwungrad nicht machen. Es klingt angenehm im Ohr. Der Fliehkraftregler klickert ein bisschen, vorne hört es sich nach einer fernen Trommel an. Keine Exlosionen, kein Röhren, kein Radau. Kraft ohne Krach, Dampf hat Stil. Irgendwo blubbert was.

Holla! Die Dampfpfeife schrillt. Sie zeigt unserem Trommelfell die Schmerzgrenze. Der Arbeitsdruck ist da. Jetzt müsste die Wasserpumpe Wasser pumpen, doch sie will nicht. Fritz Jöllenbeck weiß, wie man sie überredet. Es ist bewundernswert: Trotz der Unzahl von Hähnen, Ventilen und Ölern behalten unsere Mechaniker den Überblick. Das Feuer versorgen sie mit Holz und Luft, Ölkanne und Lappen griffbereit. Irgendwie stehen sie selbst unter Dampf.

Noch immer blubbert was. Jetzt reicht es. Dichtungen, die nicht dicht sind, gehören ausgetauscht. Am nächsten Wochenende sind sie dran. Man kann der alten Dame ja nicht jede Eigenart durchgehen lassen.

Technische Daten

Marshall-Lokomobile „S"

Hersteller:	Marshall & Sons & Co Ltd Gainsborough, England
Baujahr:	1923
Zylinder:	1
PS:	normal 19, max. 26–29
Gewicht:	5000 kg (trocken)
Kesselinhalt:	ca. 1000 l
Betriebsdruck:	max. 10 bar, Sattdampf
Schwungrad:	132 cm Durchmesser
Drehzahl:	137–150 U/min
Radstand:	2,0 m
Spurbreite:	1,82 m

Kleiner, zäher Bauernschlepper

Deutz-Traktor F 1 M 414 („Elfer Deutz") von 1939

Die Ruhe weg: Franz-Josef Grewing lässt seinen Elfer Deutz über die Wiese tuckern.

Er ist alt. Er ist unscheinbar. Und er ist mit Abstand der Langsamste. Deshalb darf der „Elfer Deutz" von Franz-Josef Grewing nicht mitfahren, wenn die Deutz-Freunde im ostwestfälischen Verl ihre grünen Oldtimer zur Ausfahrt anwerfen. Er würde den ganzen Betrieb aufhalten. Mit seinem stolzen Alter von gut 70 Jahren hat er es aber auch nicht nötig, sich mit jüngeren Alttraktoren auf der Landstraße zu messen. Er ist trotzdem der Star auf dem Platz – auf seine Art.
Man sieht ihm sein Alter an. Er strahlt nicht in frischem Deutz-Grün wie die neu lackierte Konkurrenz. Als Franz-Josef Grewing ihn in den französischen Ardennen aufspürte, schimmerte er in einem verhaltenen Oliv unter einer feinen Ölschicht. Vom ursprünglichen Grasgrün war im Laufe eines langen Arbeitslebens nicht mehr viel übrig geblieben. Von Rost gab es trotzdem kaum eine Spur. Den wahren Oldtimerfreund freut's: So sieht der echte Originalzustand aus, ein verwittertes französisches Kennzeichen eingeschlossen.

Stellwerk: Ein Elfer Deutz ist ein simples Gerät. Wichtige Dinge liegen offen zutage.

Der Elfer Deutz gehört zu den Traktoren-Legenden, wie sonst nur der Fordson oder der Lanz-Bulldog. Mit dem Traktor aus Köln-Deutz begann für die kleineren bäuerlichen Betriebe das Schlepperzeitalter. Zwar hatte es schon früher größere und stärkere Traktoren aus der Fertigung des Kölner Konzerns Klöckner-Humboldt-Deutz gegeben. Die MTZ-Typen und die als „Stahlschlepper" bekannten F 2 M 417 waren durchaus erfolgreich. Kleinere Betriebe konnten sie sich aber nicht leisten und auch nicht wirtschaftlich einsetzen. Was fehlte, war ein einfacher, zuverlässiger, kleiner Traktor zum „Einsteigerpreis".
1936 trat Deutz mit dem F 1 M 414 an: Ein Zylinder, 11 PS – daher der Beiname „Elfer Deutz" –, drei Vorwärtsgänge, Riemenscheibe, auf Wunsch mit Mähbalken und Zapfwelle, für deutlich unter 3000 Reichsmark. Das war's: Der „Bauernschlepper" genannte Traktor im

„Elfer Deutz F 1 M 414"

Der Volksmund nannte – und nennt – diesen Traktor „Elfer", wegen der 11-PS-Leistung. Die offizielle Bezeichnung F 1 M 414 folgt einem bei Deutz üblichen Schema der Motorenbenennung. „F" steht für Fahrzeugmotor, 1 ist die Zylinderanzahl, M heißen die Motoren mit Wasserkühlung, die erste 4 ist eine Ordnungsziffer, die 14 am Schluss verrät einen Hub von 14 mm.
Seit 1926 baut Deutz Dieselmotoren für Traktoren. Die Kernaufgabe des Herstellers liegt bis heute im Motorenbau. Neben Fahrzeugmotoren kommen Stationärantriebe und Schiffsdiesel aus dem Kölner Werk. Deutz belieferte viele kleinere Schlepperhersteller mit Motoren zum Einbau in ihre Traktoren.

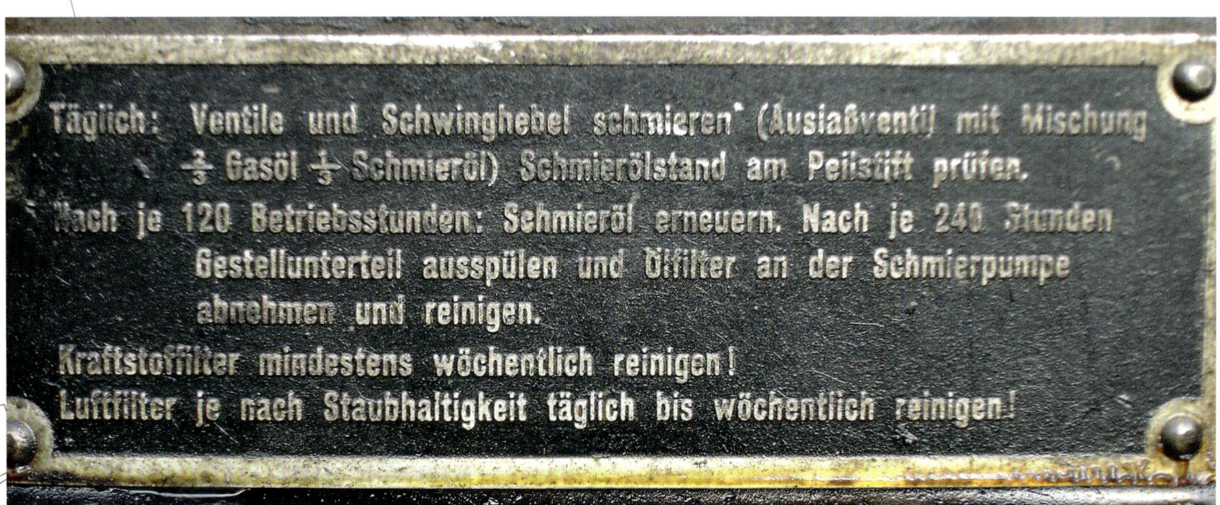

Wartung: Für treue Dienste erwartet der Veteran pflegliche Behandlung.

Aufgeräumt: Instrumente braucht ein Elfer-Fahrer nicht.

Bandbremse: Sie wirkt eher zurückhaltend.

Gashebel: Er rastet in der Loch-kulisse ein.

kompakten Format traf den Nerv. Mit 19 000 gebauten Stück geriet er zum Verkaufsschlager. Und das, obwohl er gegenüber seinen großen Brüdern nur eine bescheidene Leistung zur Verfügung stellte. Mit maximal 7,7 km/h war er alles andere als ein Rennpferd.
Das erwartete auch niemand. Seine Käufer standen vielmehr vor der Frage: Schlepper oder Gespann? Zehn Stunden auf dem Schlepper sitzen oder acht Stunden hinter dem Gespann über den Acker laufen? Auf vier Hektar Ackerfläche Hafer für die Pferde anbauen – oder lieber Weizen für die Menschen?
Wir wissen heute, wie die Entscheidung ausfiel. In den 1930er-, 40er- und 50er-Jahren mussten viele Betriebe schwierige Überlegungen anstellen. Und so zog sich die Ablösung der Gespanne durch den Bauernschlepper über eine lange Zeit hin.
Der Abschied vom Kaltblutpferd fiel schon aus emotionalen Gründen nicht leicht. Schließlich gab den Ausschlag, dass Schlepper nicht fressen, wenn sie stehen, weniger Pflege brauchen und dafür länger arbeiten. Und so viel teurer als ein gutes Gespann war der Elfer nicht. Trotzdem war er in der Lage, auf der Straße und dem Acker zu ziehen. Pflügen, eggen, drillen, mit der Zapfwelle Anhängegeräte antreiben und mit der Riemenscheibe Arbeitsmaschinen auf dem Hof – der kleine, zähe Kerl verstand es, sich nützlich zu machen.

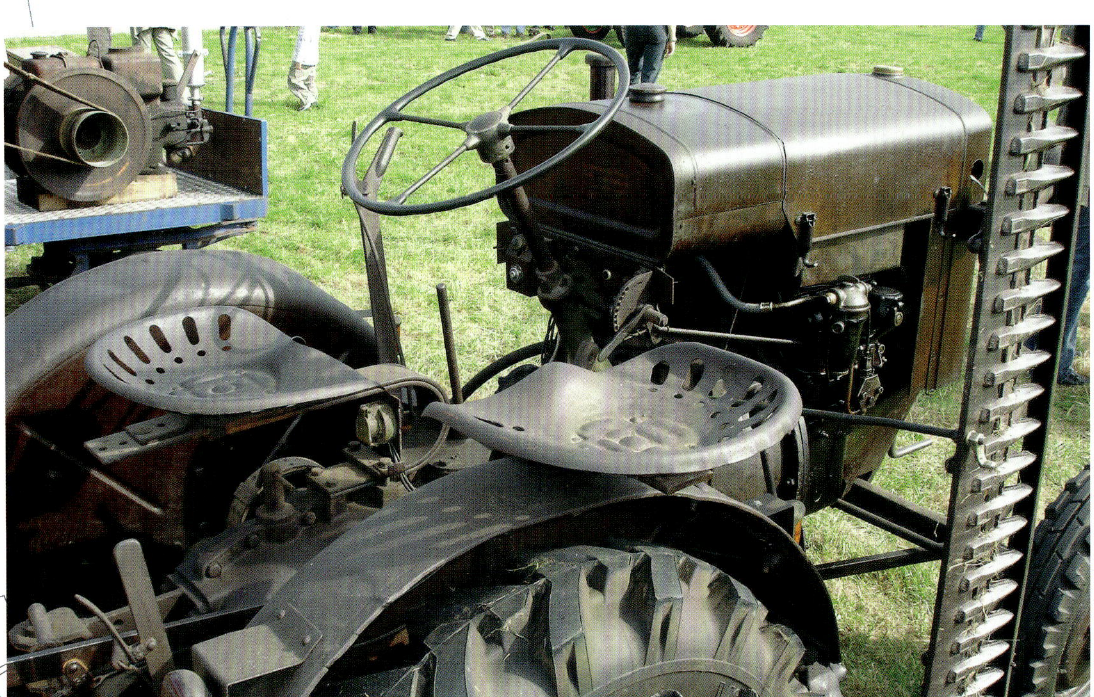

Glanz ohne Lack: Das ursprüngliche Grün ist dem Veteran im Lauf der Zeit verloren gegangen. Anstatt ihn leuchtend anzumalen, hat ihn Franz-Josef Grewing mit einem feinen Ölfilm konserviert. So sieht ein echtes Original aus.

Start zur Probefahrt. Franz-Josef Grewing weiß, was der Deutz braucht: eine Zündpatrone. Sie wird mit einer Halterung in den Zylinderkopf gedreht, dann kann es losgehen. Eine Hand an der Kurbel, die andere an der Einspritzpumpe – der Diesel lässt sich nicht lange bitten. Nehmen wir Platz. Der Sitz ist komfortabel gefedert. Links unten die Kupplung, mit dem zentralen Hebel einen Gang rein – welcher ist egal. Aber wo ist das Gaspedal? Ein Bauernschlepper braucht so etwas nicht. Mit einem Schwenkhebel wird per Hand Gas gegeben. Der Hebel rastet in einer fast schon eleganten Lochkulisse ein. Ein Ruck – wir rollen. Die Lenkung geht leicht, ein handliches Gerät.

Kreuz und quer rollen wir über die Wiese. Zwischendurch wechseln wir schon mal die Gänge, bewegen uns aber immer mit gemächlichem Tempo. Der Diesel hat Manieren. Durch die Wasserkühlung bleibt er recht leise. Gehen wir kurz die Bedienelemente durch. Keine Instrumente, kein Kraftheber, nur ein nachgerüsteter Blinkerschalter und ein Knopf für die Hupe sind da. Nicht weniger als vier Hebel für den seitlichen Mähbalken erschweren die Übersicht. Vom Einrückhebel bis zur Schnitthöhenverstellung ist alles da. Für den Fall, dass ein Maulwurfshügel auftaucht, hebt der geschickte Schlepperfahrer das Mähwerk mit einem Fußhebel an. Wir kommen auf die Zielgerade und gehen aufs Ganze. Mit drittem Gang und fast Vollgas schafft der alte Elfer gefühlte 6 km/h, macht aber durch deutliches Vibrieren klar, dass solches Tempo nicht seine Welt ist. Also gut. Aber wo ist jetzt die Bremse? Ach ja, geht nur per Handhebel. Den zieht man sich im Zweifel direkt vor das linke Schienbein. So gesehen fügt es sich ganz gut, dass bei den geringen Geschwindigkeiten die Bremse im ebenen Gelände keine ernsthafte Rolle spielt.

Den Motor ausschalten? Dazu muss sich der Deutzfahrer aus dem Sitz bemühen und vorn an der Pumpe den Hebel zudrehen. Der Motor läuft noch eine Weile aus. Dabei hören wir seine Einzylindrigkeit besonders schön. Kleine Bilanz: Dem Elfer Deutz ist nicht anzusehen, dass er der erste motorisierte Alleskönner auf vielen Bauernhöfen war. Wer ihn genauer anschaut, seine Pendelachse und die sonderbaren Spatengreifer am Hinterrad, spürt vielleicht diese gewisse Würde. Deshalb kann er gut darauf verzichten, in der Alttraktoren-Kolonne mitzufahren. Sollen die anderen doch schaulaufen.

Technische Daten

Deutz F 1 M 414

Baujahr:	1939
Leistung:	11 PS
Motor:	Diesel, Einzylinder stehend, 1100 cm^3
Gewicht:	1130 kg
Getriebe:	3 Vorwärts-, 1 Rückwärtsgang
Zapfwelle:	540 U/min
Riemenscheibe:	1120 U/min
Tankinhalt:	28 l

Mit einem Sack voll Holz

Deutz-„Stahlschlepper" mit Holzvergaser von 1949

Unterwegs: Kfz-Meister Ernst Womelsdorf steuert den Deutz-„Stahlschlepper". Ist der Holzvergaser gut in Gang, fährt sich der Traktor ganz angenehm.

Warum will er nicht? Alfons Jung und Ernst Womelsdorf, Oldtimer-Spezialisten aus dem Kreuztaler Ortsteil Krombach im Siegerland, haben alles richtig gemacht: Holz eingefüllt, das Anfachgebläse eingeschaltet, mit einer Lunte Feuer durch die Ansaugöffnung gebracht und einige Minuten gewartet. Trotzdem: Das Gas brennt nicht.
Holzvergaserfahrzeuge sind eine Herausforderung für sich. Nicht ohne Grund gehören sie in der Oldtimerszene zu den wahren Exoten. Diesel einfüllen und den Zündschlüssel rumdrehen ist einfach. Zum Fahren mit Holz aber braucht es ein besonderes Gespür.
Was mag dem Deutz F 2 M 417 nur fehlen, dem breitschultrigen „Stahlschlepper" aus Kölner Produktion von 1949 und seiner Imbert-Generatoranlage? Mit einer Öl-Graphit-Paste dichtet Alfons Jung die Einfüllöffnung des Gasgenerators noch einmal ab. An der Seite des Traktors entlässt das Gebläse leicht scharf und ungesund riechendes Gas ins Freie. Die Feuerprobe bleibt enttäuschend. Das Gas brennt nicht, also würde auch der Motor damit nicht laufen. Da hilft nur: weitersuchen. Irgendwo ist das System aus Röhren, Behältern und Reinigern nicht ganz dicht. Und tatsächlich – schuld ist eine Klappe an der Unterseite des Absitzbehälters. Kaum ist sie geschlossen, wird das Gas besser. Jetzt brennt es mit leichtem Fauchen.
Es beginnt der Startzeremonie zweiter Teil. Anfachgebläse aus, Drosselklappe auf, warten, Motor anlassen. Nachdem sich die erste Batterie verausgabt hat und

Gut Holz: Alfons Jung „tankt" für die nächste Fahrt. Lufttrocken soll es sein, in höchstens faustgroßen Stücken.

eine zweite mithilft, springt der mächtige Zweizylinder schließlich an. Während er sich warmlaufen darf, drehen wir eine ehrfürchtige Runde ums Gefährt. Am auffälligsten ist der schwarze Zylinder auf der linken Seite, der Gasgenerator. Hier spielt sich einiges ab. Durch die große Klappe auf der Oberseite wird Holz „nachgetankt“, durch die Luftklappe Feuer gemacht, mit dem Schüreisen die Holzkohle gelockert, unten schließlich ein Sieb gerüttelt und die Asche entfernt. An der Frontseite sitzt unten ein schwarzer Kasten: der Absitzbehälter. Darüber fällt der Kühler ins Auge. Ansonsten gibt es noch eine kleine Hebelei am Armaturenbrett. Damit reguliert der Fahrer das Gasgemisch oder wechselt von Gasbetrieb auf flüssigen Brennstoff und umgekehrt. Davon abgesehen sieht der Holzgas-Deutz aus wie jeder andere Stahlschlepper. Von dem aus Stahlblech geschweißten Block aus Kupplungs- und Getriebegehäuse als tragendem Teil hat er seinen Namen. Alles fein und sorgfältig restauriert und in Deutz-Grün lackiert, wie sich das für edle Oldtimer aus Köln gehört.

So fährt er dann auch. Der Motor läuft weich wie ein Benziner – kein Vergleich zur Dieselhärte. Das Drehmoment aus 3,8 Liter Hubraum lässt sich kaum überfordern. Da ist es bei einer Spazierfahrt ohne Last ganz egal, ob man im zweiten oder dritten Gang anfährt. Gerollt wird in der vierten oder fünften Getriebestufe. Vollgas schadet nicht, geschmeidig nimmt es der Motor an. Geht der Fahrer vom Gas, raucht es leicht unterm Generatordeckel hervor. Das treckertypische Schwanken lässt sich mit der Lenkung sicher ausgleichen. Die Bremse ist neu gemacht und reagiert tadellos. Dieser Trecker hat Vertrauen verdient. Was an Ernst Womelsdorf liegt.

Entflammbar: Durch die Luftansaugöffnung wird Feuer gelegt. Das Anfachgebläse sorgt für den passenden Luftzug.

Der Kfz-Meister hat viele Jahre die Lkws der Firma Treber Jung gewartet und repariert. Sie waren mit Treber der Krombacher Brauerei unterwegs, dem Gerstenmalz, das nach dem Brauen als Viehfutter Verwendung fand. Bis Siegen war es weit. An Ersatzteile kam man nicht schnell heran. Lkws verkürzen oder verlängern, Getriebe instand setzen oder ganze Karosserien bauen: Immer war der geschickte Schrauber gefragt. Elegante Lösungen für knifflige Aufgaben zu finden, gefällt ihm auch im Ruhestand. Zusammen mit Alfons Jung, der den Treber-Transport zunächst mit einem 15er-Deutz bewältigte, sind sie zu Spezialisten

Gas aus Holz

Alfons Jungs Deutz-Stahlschlepper ist mit einer Imbert-Holzgas-Generatoranlage ausgerüstet. Sie besteht aus dem seitlich angebrachten Gaserzeuger, dem Absitzbehälter, dem Kühler, dem Nachreiniger, dem Anfachgebläse und dem Gas-Luft-Mischer. Der Motor funktioniert wie gewohnt nach dem Prinzip Otto.

Das Holz muss lufttrocken sein. Die höchstens faustgroßen Stücke werden in den Gaserzeuger eingefüllt. Dort verbrennt das Holz nicht. Es verschwelt zunächst zu Holzkohle, die anschließend vergast wird. Dazu wird die Luftzufuhr fein geregelt. Die Luft tritt durch eine seitliche Klappe ein und erreicht durch eine Reihe von Düsen die Glühzone. Hier herrscht im Betrieb eine Hitze von 700 bis 1400 °C . Dabei entsteht aus der Holzkohle das brennbare Gas Kohlenoxyd.

Bevor das Gas im Motor verbrannt wird, muss es gereinigt und gekühlt werden. Einen Teil seiner Hitze gibt das Gas an das Holz im oberen Teil des Generators ab. Durch ein Rohr erreicht es den Absitzbehälter. Hier wird es mehrmals gegen Prallwände geleitet, an denen der Wasserdampf kondensiert und Stäube gebunden werden. Über dem Absitzbehälter und im Saugzug des Motorlüfters liegt der Kühler. Beim Durchströmen der Kühlerrohre scheiden sich wiederum Wasser und Stäube ab. In zwei Nachreinigerstufen schließlich passiert das Gas Packungen aus Kork oder Holzwolle und lässt darin den letzten Rest an unbrauchbaren Bestandteilen zurück.

Das Anfachgebläse ersetzt in der Startphase die Saugwirkung des Motors und zieht Luft in den Generator ein.

Ehe das Gas den Motor erreicht, wird es etwa im Verhältnis von 1:1 mit Luft vermischt. Der „Solex"-Gas-Luft-Mischer ist zur Regulierung mit Drosselklappen für die Luft und das Gemisch ausgestattet. Mit Ersterer lässt sich die eigentliche Mischung regulieren, mit der anderen „gibt der Fahrer Gas".

Im Stall: Nach getaner Arbeit raucht der Trecker noch eine Weile vor sich hin.

Professionell: Bis ins letzte Detail ist das komplizierte Gefährt perfekt restauriert.

für Deutz geworden. Die eigentliche Faszination ging aber von den Holzgasfahrzeugen aus. Ein Motorrad und ein Opel-Blitz mit Holzgasantrieb stehen in ihrer Fahrzeughalle. Mit dem Opel und sechs Sack Holz sind sie schon bis Neuharlingersiel gekommen.
Mit Holz statt Diesel oder Benzin zu fahren, war seinerzeit nicht mehr als eine Notlösung. Im Zweiten Weltkrieg war Mineralöl äußerst knapp. Die Wehrmacht wurde zuerst versorgt. Lkws und Busse, Autos und eben auch Traktoren wurden auf Holzgas umgerüstet, Neufahrzeuge serienmäßig damit ausgestattet.
Die Technik war fast anderthalb Jahrhunderte bekannt. Schon am Ende des 18. Jahrhunderts wurden die ersten Patente für Gaserzeugung aus Biomasse erteilt. 1878 lief in England der erste Verbrennungsmotor mit Generatorgas. 1930 schließlich entwickelte der Lothringer Ingenieur George Imbert eine Holzgasanlage für Fahrzeuge, die von Deutz in Lizenz übernommen wurde. Die Gesamtzahl der Holzgasfahrzeuge zu der Zeit wird auf eine Million geschätzt. Sie fuhren, aber im Alltag gab es reichlich Probleme. Zeitzeugen erinnern sich an oft zu spät kommende Schulbusse oder liegen gebliebene Lkws.
Der Wirkungsgrad von Holz ist nicht nur deutlich geringer als der von Mineralöl. Vor, während und nach der Fahrt erfordert der Betrieb einen unvergleichlich höheren Aufwand. Täglich muss der Holzgasfahrer Wasser ablassen und die ganze Gasanlage mindestens wöchentlich gründlich reinigen. Und Filtermaterial tauschen. Und Vorsicht walten lassen beim Holztanken. Wird der Deckel geöffnet, erhebt sich immer eine stattliche Rauchwolke, womöglich aber auch eine helle Flamme. Gasreste verpuffen schon mal. Folglich waren die Holzvergaser sehr bald nach dem Krieg von den Straßen wieder verschwunden.
Ihre Stärken liegen im stationären Betrieb. Holz als erneuerbare Energie, die in kleinen Anlagen Strom erzeugt: Das ist durchaus aktuell. Holzgasfahrer aber pflegen ihr inniges Verhältnis zu den ehrwürdigen Schätzchen. Bei Oldtimertreffen gehören die rollenden Öfen zu den Stars. Nicht weil sie schöner oder schneller wären als andere. Sondern weil sie so anders sind. Schon auf den ersten Blick machen sie dem Betrachter klar: Wer mich fährt, macht sich nicht nur die Hände schmutzig. Bei mir ist Erfahrung, viel Gefühl und trockenes Holz gefragt – und ab und zu auch eine gute Idee, wenn der Apparat mal wieder nicht will.

Technische Daten

Deutz F 2 M 417 „Stahlschlepper"

Baujahr:	1949
Zylinder:	2
Hubraum:	3845 cm^3
Kühlung:	Wasser
PS/kW:	35/25,6
Getriebe:	5 Vorwärtsgänge, 1 Rückwärtsgang
Verbrauch:	2,5 kg Holz entspricht dem Brennwert von 1 l Benzin

Der „Blaue Bock" aus Witten

Ruhrstahl-Geräteträger B 11 von 1952

Exotische Konstruktion: Philipp Wünnemann fährt den originalblauen Ruhrstahl-Geräteträger durch die heimische Obstwiese. Vorne, hinten und zwischen den Achsen konnten verschiedene Ackergeräte angebaut werden.

„Ruhrstahl-Geräteträger": Kenner schnalzen mit der Zunge. Allen anderen sagt der sperrige Name erst einmal gar nichts. Es soll sich um einen Exoten unter den Landmaschinen-Oldtimern handeln. Nur etwa 500 Stück sind in der ersten Hälfte der 1950er-Jahre gebaut worden. Und dann steht er da auf dem Hof von Rainer Wünnemann in Bergkamen und dieselt vor sich hin. Genau genommen dieselt es hinten. Der Motor sitzt samt Getriebe hinter dem Fahrersitz. Vorne findet sich eine Achse mit ganz gewöhnlichen Rädern und dazwischen: viel Platz. Da hat sich jemand eine ganz und gar ungewöhnliche Konstruktion ausgedacht.
Dieser Jemand war Heinrich Hildebrand. Er stammte aus dem Hause der bekannten Pflugfabrik Hildebrand in Unna. Dort war schon 1927 ein Motorkipppflug entstanden, der die Idee des Geräteträgers vorwegnahm. Diese Maschine ist zwar über das Stadium des Prototyps nicht hinausgekommen. Dennoch entwickelte Hildebrand das Konzept weiter: Eine Maschine für (fast) alle Zwecke sollte es sein, ein Alleskönner. Gebaut wurde das Fahrzeug ab 1951 in Witten-Annen bei der Ruhrstahl AG.
Die musste sich nach dem Zweiten Weltkrieg etwas einfallen lassen, um dem Produktionsverbot der Alliierten zu entgehen. Als Rüstungsbetrieb war sie stillgelegt worden, durfte sich dann aber der Produktion von Pumpen und der Eisenbahnreparatur zuwenden. Auch landwirtschaftliches Gerät war unverdächtig genug. So nahm Hildebrands Idee vom Landbaugerät Gestalt an. Zwei hochgezogene Holme verbinden die Vorderachse mit dem Rest des Fahrzeugs. Der Platz dazwischen ist zur Aufnahme von Zusatzgeräten bestimmt. Rollegge oder Grubber, Drillmaschine oder Pflanzgerät passen

Freie Sicht: Vom Arbeitsplatz hat der Ruhrstahlfahrer alles im Blick. Sind keine Geräte montiert, lenkt es sich spielend leicht. Rechts an der Lenksäule sitzt der Handgashebel.

zwischen die Achsen. An der Rückfront ließen sich wie bei anderen Schleppern Pflüge, Eggen und Grubber anhängen. Zusätzlich bot der Geräteträger die Möglichkeit, ganz vorn Frontlader, Voregge, Mähwerk, Frontmähbinder oder eine kleine Ladefläche für Pflanzgut, Dünger oder Milchkannen zu montieren. Zapfwellenantriebe standen an drei Stellen zur Verfügung. Seilwinde, Seitenmähwerk, Düngerstreuer, das Vielfachgerät „Wespe" und der Rübenheber „Hurtz": Für den Geräteträger gab es fast nichts, was es nicht gab. Dabei sollten alle anfallenden Arbeiten von einer Arbeitskraft allein bewältigt werden.
Zeit für eine Probefahrt. Die Füße orientieren sich: Links sitzt das Kupplungspedal, dann folgen drei Pedale für die Bremsen, linkes Rad, rechtes Rad und in der Mitte ein Mitnehmer für beide Hinterradbremsen. Wo aber ist das Gaspedal? Es gibt keins. Am Lenker findet sich stattdessen ein unauffälliger Hebel, der die Arbeit des Gasgebens übernimmt. Wir schwenken ihn ein wenig, der Henschel-Motor wird lauter. Wir lassen die Kupplung langsam kommen. Sofort ruckt das blaue Gefährt los. Gas wegnehmen beim Schalten geht nicht, dafür haben wir keine Hand frei. Im höheren Gang ruckt es wieder. Das ist nicht gerade elegant, aber wir fahren. Es geht durch die Wünnemann'sche Obstwiese wie im Slalom um die Bäume herum. Wenn das Gefährt erst mal rollt, geht alles ganz leicht. Weil fast alles Gewicht auf der Hinterachse ruht, lässt sich das Lenkrad quasi mit einem Finger drehen. Dabei haben wir freien Blick zwischen den Holmen hindurch auf den Boden.

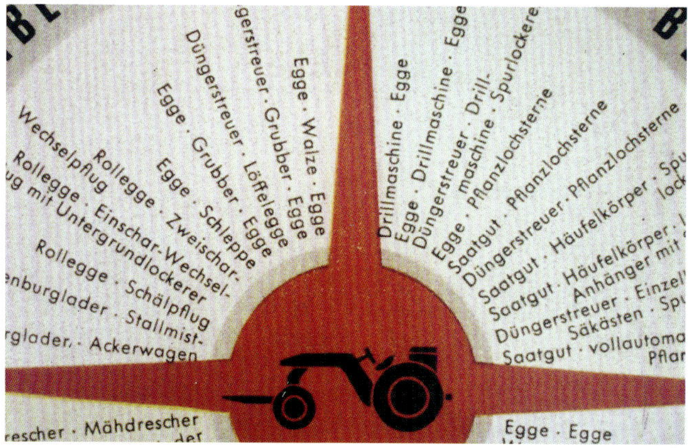

Anbau: Jede Menge Geräte, vielfach kombinierbar.

Hebelei: Den Überblick zu bewahren, ist nicht ganz einfach. Dafür ist das Öldruckmanometer das einzige Instrument an Bord.

Mit der Zeit wird es im Rücken warm, der Motor hat seine Betriebstemperatur erreicht. Er hört sich ganz manierlich an, da poltert oder kreischt nichts. Blech, das scheppern könnte, ist nicht verbaut. Mit einem vernehmlichen Geräusch zwischen Mahlen und Heulen erinnert das Getriebe daran, dass es auch mitspielt. Philipp Wünnemann, treckerbegeisterter Junior des Hauses, übernimmt die Ruhrstahlmaschine und scheucht sie durch die Wiese. Der hochbeinige Bock wird flott, strengt sich aber auch richtig an. Dem Auspuff entweichen dunkle Dieselwolken, aus dem Kühler dringt weißer Dampf.

Als die Ruhrstahl-Leute ihr neues Produkt 1951 auf der DLG-Ausstellung in Hamburg vorstellten, machte das Gerät einen überzeugenden Eindruck. Gewitterregen hatte den Boden aufgeweicht. Im Gegensatz zu manchem Konkurrenzprodukt kam die Landmaschine aus Annen trotzdem durch. 350 Stück fanden auf Anhieb einen Käufer. Zwei Jahre später bekam Ruhrstahl den „Großen Preis" für die Rationalisierung der ländlichen Bodenarbeit. Trotzdem blieb ein dauerhafter Erfolg am Markt aus. Das lag hauptsächlich am stattlichen Preis von 19 000 DM. Den konnten kleinere Betriebe nicht bezahlen. Größeren reichte die Motorleistung von 20 PS für einen Alleinschlepper nicht aus. Der Geräteträger fand seine Käufer bei den Spezialisten wie Gemüsebauern. Unser Exemplar lief seit 1952 im Bestand des Hauses Koeningen bei Werl. Bis 1956 leistete es die gesamte Schlepperarbeit des 80-Hektar-Betriebs.

Zu dieser Zeit lief in Witten-Annen die Geräteträgerproduktion bereits wieder aus. Ein Verkaufsschlager war er nicht geworden – und im Gussstahlwerk ein ungeliebtes Kind geblieben. Als die Produktionsbeschränkungen aufgehoben wurden, wandten sich die Stahlwerker wieder Produkten zu, mit denen sich erheblich mehr Geld verdienen ließ. So blieb es bei einem kleinen Ausflug in das weite Feld der Landmaschinen und der Geräteträger eine Episode aus dem Ruhrgebiet.

Technische Daten

Ruhrstahl-Geräteträger B 11

Hersteller:	Ruhrstahl AG, Annener Gussstahlwerk Witten
Baujahr:	1952
Motor:	Zweizylinder-Diesel wassergekühlt, Henschel Typ 515 DE, 20 PS, 1800 U/min
Getriebe:	4 Gänge vorwärts und rückwärts für 3; 5; 8,3 und 16 km/h
Kraftheber:	ATE Hydraulik 550 mkg
Verbrauch:	220 g/PSh
Achsabstand:	2200 mm
Wende-Radius über Außen-Vorderrad:	3000 mm
Gesamtgewicht:	1300 kg ohne Kraftheber und Ausrüstung

Höhenverstellbare Anhängekupplung, Spurlockerer, Riemenscheibe, Vollhydraulik, 3 Zapfwellen

Den Bären bändigen

Ursus C 45 von 1955

Bärenreiter: Norbert Johanntokrax fährt Ursus (lateinisch für „Bär"). Sein polnischer Traktor macht optisch und akustisch allerhand her. Ansonsten ist der Hof Rodenbeckenschnieder in Verl-Kaunitz eher für Spargel und Erdbeeren bekannt.

Feuerwerk: Die 10-minütige Startzeremonie mit Lötlampe unterm Glühkopf ist immer wieder eine Schau fürs Publikum.

Was ist denn bei euch explodiert?" Mechthild und Norbert Johanntokrax konnten die besorgten Anrufer aus dem Verler Ortsteil Kaunitz beruhigen. Tatsächlich hatte es auf ihrem Hof eine ganze Reihe heftiger Explosionen gegeben. Sie waren offenbar über runde drei Kilometer Luftlinie noch zu hören gewesen. Sie hatten aber keinen Schaden angerichtet – im Gegenteil. Norbert Johanntokrax hatte erfolgreich versucht, seinen Traktor anzuwerfen.

Nun finden Explosionen in allen Verbrennungsmotoren statt. Aber eine Geräuschkulisse, wie sie ein Ursus C 45 anzubieten hat, dürfte so leicht nicht zu übertönen sein. Die fahrende Knallbüchse stammt aus Polen. Oliver Maasmeier, Nachbar der Johanntokrax, hatte das alte Gefährt auf einer Wiese im Dorf seiner Schwiegereltern in Mittelpolen entdeckt. Als Norbert Johanntokrax die arg mitgenommen wirkende Portion Alteisen im Oktober 2001 zu sich auf den Hof geholt hatte, stand für seinen Schwiegervater fest: „Den kriegt ihr nie wieder zum Laufen!"

Die beiden Nachbarn, auf diese Weise ermuntert, machten sich ans Werk. Es gab viel zu tun. Der Ursus musste nicht nur komplett zerlegt und überholt werden. Fehlende Teile waren schon mal aus Polen zu beschaffen. Um Motorteile kümmerte sich eine Spezialfirma in Bielefeld. Den schicken Eschenholzring des Lenkrads hat der gelernte Tischler selbst gefertigt, das Leder der Sitzpolsterung selbst genäht. Weil noch ein wenig Originalfarbe auszumachen war, wussten die Restaurateure auch, wie die Neulackierung ausfallen sollte.

Mit Schwung: Zum Andrehen gehört Kraft und Geschick. Mit dem Lenkrad auf der Riemenscheibe dreht der Ursus-Fahrer den Kolben im Einzylindermotor über den Totpunkt.

Zeitweise gehörte jede freie Minute dem Trecker, ein Jahresurlaub ging drauf. Schließlich war es so weit: Schon beim zweiten Versuch legte der Ursus los.

Bevor unsere Probefahrt losgeht, wird gefeuert. Die Lötlampe heizt dem Glühkopf des Motors zehn Minuten lang richtig ein. Norbert Johanntokrax nimmt das Lenkrad samt Stangenteil ab, steckt es auf der rechten Seite auf die Welle der Riemenscheibe, schaukelt den Motor mit geübtem Schwung über den Totpunkt. Wer es nicht gewohnt ist, mag sich vor Schreck die Ohren zuhalten. Der Ursus poltert oder wummert nicht, er knallt.

Der größte Unterschied zwischen ihm und seinem Vorbild, dem Ackerluft-Bulldog von Lanz, liegt nicht in

Das Original: Lanz Ackerluft-Bulldog D 9506

Seit 1936 wurde der D 9506 bei Lanz in Mannheim hergestellt. Der Bulldog in seinen zahllosen Modellen und Varianten für unterschiedliche Anforderungen galt zu seiner Zeit als der europäische Traktor schlechthin. Er wurde in vielen Ländern nachgebaut, so etwa als „Ursus" in Polen. Weitere Lizenzfertigungen und Nachbauten gab es auch in Australien, Argentinien, Frankreich und Spanien. Der Traktor war einfach, zuverlässig und unschlagbar robust gebaut. Heute gehört er zu den begehrtesten Sammlerobjekten.

der Konstruktion, sondern in der Akustik. Gleicht der Ursus dem Lanz fast wie ein Ei dem andern – am Auspuff scheiden sich die Geister: hier ein Doppelkegeltopf mit Funkensieb, dort ein gerades, stabiles Rohr ins Freie. Hier „Kult Kult", dort „Peng Peng". Man muss es gehört haben …

Wir schwingen uns auf das wuchtige Gefährt. Die erste Runde fährt der Chef selbst. Es geht munter über einen Feldweg, durch eine Wiese und zurück. Jetzt sind wir dran. Die Handbremse sitzt links, drei vertraute Pedale im Fußraum geben keine Rätsel auf. Instrumente stören nicht, es gibt keine. Der lange Schalthebel bietet drei Vorwärts- und einen Rückwärtsgang an, wir nehmen den zweiten. Der Sitz ist mit Spiralfeder und Öldämpfer ausgestattet und das ist gut so. Der Ursus knallt los, wir rumpeln über den Feldweg. Es schaukelt mächtig auf und ab. Wir müssen aber vor allem aufpassen, dass er nicht nach links oder rechts ausbüxt. Die Lenkung hat etwa 1/8 Umdre-

Brennstofflieferant: In der Mitte liegt die Spritpumpe. Per Handhebel gibt es Extra-Gas, wenn die Drehzahl absackt. Rechts sind Kraftstofffilter und Absperrhahn zu sehen.

Arbeitseinsatz: Beim Erntedankfest strengt sich der Ursus an und dreht über den langen Flachriemen einen Dreschkasten.

Schornstein: Der Ursus-Auspuff entlässt jeden Explosionsknall ungehindert ins Freie. Mit Schalldämpfung gibt er sich nicht ab.

Arbeitsplatz: Handbremse links, die gewohnte Pedalerie und zwei Schalthebel genügen. Ein Schmuckstück ist das Lenkrad mit einem Ring aus Eschenholz.

Boschöler:
Er verteilt das Öl an alle Schmierstellen.

hung Spiel und erfordert ganzen Einsatz. Der Bär will gebändigt werden. Mit herzhaftem Zupacken gelingt es, und wir schalten in den dritten Gang. Das Getriebe ist nicht synchronisiert, also gibt es Zwischengas. Das freut den Dicken und aus vollen 10,3 Litern Hubraum schallt es hoch in den Himmel über der Senne.
Mit dem Tempo steigert sich das Hüpfen. Am Ende des Wegs soll die Fuhre um die Ecke. Jetzt wird klar, warum das Lenkrad so einen stattlichen Durchmesser hat. Mit Mühe bekommen wir den Brocken auf Gegenkurs.
Auch der Tritt aufs Gaspedal will kräftig sein. Nur kein Feingefühl! Schon stürmt er wieder los – die gehörte Beschleunigung bricht jeden Rekord.
„Gib mal richtig Gas!" Norbert Johanntokrax ermuntert zu mehr, als wir auf dem Hof für die zweite Runde gewendet haben. Wir starten wieder. Die Sitzfederung tut, was sie kann, aber das muss sie auch. Geradeaus läuft's jetzt schon besser und durch die Wiese stampfen wir mit Macht. Der Kühlwasserdeckel schließt nicht ganz dicht, es schwappt grünlich über die Haube.
Keine Sekunde lässt uns der Motor im Unklaren über den Takt der Explosionen. Die letzten 100 Meter geben wir alles. Mit erahnten 20 km/h möllern wir über Stock und Stein. Das Ganze fühlt sich nicht an wie Traktorfahren, eher wie Rodeo.
„Je heißer, desto besser läuft er", sagt Norbert Johanntokrax und deutet vorsichtig an, dass der Ursus noch zu weit mehr in der Lage ist. Sein Schwiegervater, immer etwas skeptisch, stellt nüchtern fest: „Wenn der losgeht, bebt die Erde."

Kein Zweifel, der Ursus aus Warschau verkörpert die elementare Kraft. Beim Einparken schickt der grüne Traktor weiße Abgaskringel unter das Hallendach.
Dann plötzlich: Es herrscht Ruhe. Es hat wieder Zweck zu sprechen. Was ist eigentlich aus dem Nachbarn geworden, mit dem zusammen die Schrauberei angefangen hat? Oliver Maasmeier, dem hat es auch viel Spaß gemacht. Aber nach einem halben Jahr war er weg. Er ist nach Polen gefahren und hat gesucht. Als er wieder da war, hat er weitergeschraubt – an seinem eigenen Ursus.
Feiner Rauch kräuselt sich noch lange aus dem steilen Auspuffrohr.

Technische Daten

Ursus C 45

Baujahr:	1955
Motor:	Einzylinder-Halbdiesel-Zweitakt, liegend, Hubraum 10 338 cm³, 45 PS
Nenndrehzahl:	630 U/min
Verdichtung:	5:1
Getriebe:	je 3 Vorwärts- und 1 Rückwärtsgang für Acker- und Straßenbetrieb
Gewicht:	ca. 3900 kg
Gebaute Stückzahl:	60 000
Hersteller:	Ursus-Werke, Warschau

Heimatfilm mit Techno-Sound

Lanz-Bulldog D 1616 von 1958

Legende: Die Traktoren aus Heinrich Lanz' Fabrik für Landmaschinen in Mannheim gelten als unverwüstlich. Sammler kümmern sich heute mit ganzer Leidenschaft um sie.

Zum Anlassen gehört Glück. Hat der Pendelanlasser den Motor rumgekriegt und erlischt die Anzeigelampe, dann ist alles gut. Wenn nicht, läuft der Motor falsch herum. Dann hilft nur ein neuer Versuch. Das kann fünf- oder sechsmal so gehen, bis die Richtung stimmt und die Legende unter den Traktoren vorwärts fährt. Dafür lieben ihn seine Fans: Der Lanz-Bulldog darf seinen Dompteur auch mal ärgern.

Der Bulldog D 1616, Baujahr 1958, der für den Fahrtest bereitsteht, gehört Fritz Kirberg, dem Vorsitzenden des Alt-Traktoren-Clubs Herford. Als die beiden 1980 zueinander fanden, gab es für den alten Trecker nur zwei Möglichkeiten: Schrott oder kompletter Neuaufbau. Nach vielen hundert Stunden des Schraubens stand das Gefährt wacker in Lanz-Blaurot, und der Pendelanlasser mit dem Zufallsgenerator durfte sein Glück wieder versuchen.

Wir versuchen zuerst die Schaltung. Das ist nicht schwer: Zweiter Gang links, dritter rechts, rückwärts lernen wir später. Die vorsichtige Proberunde über den Hof in Eickum zeigt dreierlei. Einen so engen Wendekreis kriegt man kaum mit dem Fahrrad hin, die Sitzposition ist herrschaftlich, die Bremse verlangt beherztes Zutreten. Und schon geht es links rum auf Tour in Richtung Bardüttingdorf.

Klack. Dritter Gang. Wir nähern uns der Höchstgeschwindigkeit von 18 km/h. Im Interesse des Gehörs lassen wir es aber bei 16 gut sein und den Blick schweifen. Der Bulldog behelligt seinen Fahrer nicht mit unnötigem Instrumentarium. Eine kleine Anzeige für die Motortemperatur, ein zierlicher Blinkerhebel samt Lämpchen und zwei munter vibrierende Rückspiegel genügen. Kein Tacho, keine Tankanzeige, keine Tiptronic – ein nüchternes Arbeitsgerät ohne Firlefanz.

Im Tempo eines gemächlichen Tourenrades sieht man was von der Welt. Pödinghauser Vorgärten zum Beispiel, Rasen geschnitten, die Hecke noch nicht, Kinder winken. Die Sonne scheint, die Luft ist klar. Schön, wie in Glösinghausen der Weizen so steht oder das Lenzinghauser Neubaugebiet wächst. Fast ein Heimatfilm rollt an uns vorbei. Allerdings einer mit Techno-Sound. Der Motor macht richtig Radau. Gut, dass in Bardüttingdorf die Pause kommt.

Sorgfalt: Wer einen Bulldog sein Eigen nennt, restauriert und pflegt mit Hingabe.

Mehr als 16 PS hat der Bulldog nicht. Trotzdem galt er zu seiner Zeit als recht zugstarkes Gerät. Das liegt an den inneren Werten, die das Getriebe mitbringt. Für den Einsatz auf dem Acker stehen immerhin neun Vorwärtsgänge zur Auswahl. Mit Zapfwelle und Kraftheber ausgestattet, war er eine universelle Antriebs- und Zugmaschine. Der Bulldog ließ sich vieles anhängen: Pflug, Egge, Erntewagen, Mähbinder, Kartoffelroder oder Ballenpresse. Eingesetzt wurde der Traktor von Bauern, die zuvor mit zwei Pferden auskommen mussten. Größere Höfe brauchten stärkere Traktoren.

Fritz Kirbergs D 1616 gehört zu den jüngsten Bulldogs. Angefangen hatte alles mit dem 12 PS starken Typ HL. Diese erste selbstfahrende Antriebsmaschine mit Glühkopfmotor, dem sogenannten „Mops", brachte die Mannheimer Landmaschinenfabrik von Heinrich Lanz 1921 auf den Markt. Konstrukteur Fritz Huber hatte eine Idee des Schotten Herbert Akroyd Stuart weiterentwickelt.

Aus dem Grundmuster entstand eine Vielzahl verschiedener Typen und Varianten. Acker-Bulldog und Verkehrs-Bulldog, Eil-Bulldog und Allzweck-Bulldog, Weinberg- und Bauern-Bulldog, Bulldog-Raupe, Halb- und Volldiesel. Von Frankreich und Spanien bis Argentinien und Australien gab es Lizenzfertigungen und zahllose Nachbauten. Selbst weit gereiste Bulldogologen kommen beim Bemühen um Durchblick der Verzweiflung nahe.

Pioniere im Traktorenbau waren die Amerikaner. Sie brauchten früher als die Europäer Landmaschinen für ihre großen Farmen. 1928 waren bereits 750 000 Fordson-Traktoren vom Band gelaufen. Zu der Zeit wurden Zapfwelle und Kraftheber erfunden und machten die Ein-Mann-Arbeit auf dem Feld möglich. 1934 brachte Firestone den Niederdruckgummireifen auf den Markt. Seitdem konnten Traktoren ohne Umrüstung sowohl auf Ackerboden als auch auf der Straße fahren.

Ein Blick genügt: Des Bulldogs Hebelwerk ist übersichtlich. Einzig die Motortemperatur wird dezent angezeigt.

Traktoren wurden Allround-Maschinen und liefen fortan 1000 Betriebsstunden im Jahr und mehr. In Westfalen dauerte es bis in die Zeit nach dem Zweiten Weltkrieg, dass die Bauern ihre Pferde gegen Trecker tauschten. Waren 1949 erst 5620 Traktoren im Einsatz, stieg die Zahl bis 1963 auf 75 000. Die Gründe liegen auf der Hand: Trecker werden nicht müde, man muss für sie keinen Hafer anbauen, und sie lassen sich beim Pflügen nicht von Fliegen ärgern.

Auf dem Rückweg geht es ein wenig über Stock und Stein. Der Traktor deutet an, was echte Geländegängigkeit ist. Das macht Spaß und erklärt gleichzeitig das leicht hämische Grinsen, mit dem Treckerfahrer die festsitzenden Edel-Geländewagen beim Blasheimer Markt aus der Wiese ziehen. Außerdem fallen die Lärm-Nuancen auf. Eine gleichmäßige Kulisse aus Poltern, Rasseln und Scheppern begleitet uns auf ebener Strecke. Geht es aber auch nur ganz leicht bergauf, beginnt der 2,2-Liter-Motor zu hämmern. Unter Last verkündet der Einzylinder deutlich, wenn in seinem Inneren mal wieder eine heftige Explosion stattfindet.

Die Art und Arbeitsweise dieses Stücks Schwermetall ist das, was die Lanz-Fans noch heute beglückt. Der Bulldog und sein Motor sind eins. So klingt nur er – und deshalb kann ein Alt-Traktor gar nicht einzylindrig genug sein. Was heute Hobby ist, machte im harten Arbeitsalltag sicherlich weniger Spaß. Nach ein paar Pflugstunden konnte sich ein Bulldogtreiber jedes Konzert aus dem Kopf schlagen.

Ende der 1950er-Jahre stieß das Bauprinzip Bulldog an seine Grenzen. Zwar war er sparsam, unverwüstlich und charakterstark, hatte aber gegen die Mehrzylinder keine Chance. Nachdem der John-Deere-Konzern die Firma Lanz übernommen und Besseres im Programm hatte, lief die Produktion 1960 aus. 220 000 Bulldogs waren verkauft worden, als diese Made-in-Germany-Geschichte zu Ende ging. Doch nicht ganz. So schnell werden die Treckerfreunde ihren blauroten Kumpels nicht untreu. Was würde sonst aus dem Glücksspiel des Anlassers?

Technische Daten

Lanz-Bulldog D 1616

Baujahr:	1958, restauriert 1980
Motor:	Einzylinder-Zweitakt-Diesel, liegend
Bohrung/Hub:	130/170 mm
Hubraum:	2256 cm³, Verdichtung 12:1
Leistung/Drehzahl:	16 PS bei 1100 U/min
Füllmengen:	Diesel 22 l, Öl 3 l, Wasser 22 l
Fahrwerk:	Pendel-/Portalachse mit Einzelradfederung vorn
Bremsen:	Hand- und Fußbremse auf die Hinterräder wirkend, zugleich Einzel-Lenk-Bremse
Getriebe:	9 Vorwärtsgänge, darunter 3 Acker-, 3 Kriech-, 2 Rückwärtsgänge

Wenn der Roder kommt

IMC-Möhrenernter aus den 1950er-Jahren

In den Möhren: Bettina Wöning auf dem Schlepper, Dietrich Vogelsang und Christoph Marx auf dem Roder gehören zur Mannschaft. Reihe für Reihe wird abgeerntet.

Für die Möhren wird es Zeit. In langen Reihen steht das dichte Grün des schlanken Gemüses auf dem Acker in Löhne-Mennighüffen. Weil es auf Mitte Oktober zugeht, haben die Leute von der Gärtnerei Ulenburg des Nachts die Beregnungsanlage laufen lassen – länger auf Regen zu warten, hat keinen Zweck. Die Möhren müssen raus. Der Boden aber darf nicht zu trocken sein, wenn der Möhrenroder kommt. „Unser Schätzchen" nennt ihn Guntram Sauermann. Der Ingenieur unter den Löhner Bioland-Gemüsespezialisten kennt sich mit Landmaschinen im Allgemeinen und dem roten Erntegerät im Besonderen gut aus. In den 20 Jahren, in denen die Maschine schon zum Betrieb gehört, hat er sie gelegentlich repariert und dabei auch die eine oder andere Verbesserung eingebaut. Vorher lief sie in Diensten eines lippischen Gemüsebetriebs. Wann sie gebaut worden ist, weiß niemand so genau. Sie dürfte aber stramm auf die fünfzig zugehen. Und heute hat sie wieder richtig zu tun.
Der Möhrenroder: Von einem rüstigen Hanomag Robust Traktor gezogen und über Zapfwelle angetrieben, rollt er mit 6 km/h die Reihen entlang. An den Seiten trägt er Trittbleche und auf denen fahren wir mit. Dietrich Vogelsang steuert den Apparat und erklärt, was passiert.

Alles im Blick: Gelegentlich stauen sich Möhren oder Grünzeug. Dann gibt es Alarm.

Dicht an dicht stecken die Möhren im Boden. Von einer Schar werden sie zunächst leicht angehoben, gelockert und im nächsten Moment am Schopf gepackt. Zwei nebeneinanderlaufende Riemen, „Raufriemen" oder „Klemmbänder" genannt, halten das Grün fest und ziehen die Möhren nach oben. Nach etwa einem Meter Weg trennt ein Messerwerk die Möhren vom Grün. Es wird abgestreift und landet wieder auf dem Acker. Die Möhren fallen auf ein Förderband, das sie kurz darauf einem zweiten Band überlässt. Damit werden sie seitlich in die Höhe und in eine große hölzerne Kiste befördert. Ist eine Reihe abgefahren, ist die Kiste voll. 300 kg Möhren gehen hinein.
Das Ganze hört sich leichter an, als es ist. Mithilfe von Hydraulik und Kurbeltrieb sorgt Dietrich Vogelsang für die richtige Höhe des Reihenunterschneiders und der korrekten Position der Grünaufnahme durch die Raufriemen. Das Übergabeförderband wird extra gesteuert, dafür sind die Kinder zuständig. Jan Christian Wöning, Artur Giesbrecht, Christoph und Katrin Marx machen ohnehin alles, was getan werden muss, zum Beispiel Grün entfernen, das sich nicht abwerfen lassen will. Bettina Wöning steuert den Schlepper. Neben dem Roder-Gespann fährt ein zweiter Traktor mit Anhänger, auf dem drei oder vier Großkisten stehen. Eric Klein sitzt am Steuer. Sind die Kisten voll, fährt er zum Lagerhaus und Ben Lange oder Frank Hönisch mit ihren Gespannen übernehmen. Drei Transport-Gespanne sind für ein Roder-Gespann im Einsatz. Es wird Hand in Hand gearbeitet – und mithilfe von Sprechfunk, Erfahrung und Teamgeist.
Davon versteht das Ulenburger Team etwas. Seit 1980 besteht der Betrieb, seit 1984 arbeitet er nach den Richtlinien des Bioland-Verbands, zu deren Gründungsmitgliedern er gehört. Mittlerweile werden 40 Hektar Freiland und 6000 m² Gewächshausfläche bewirtschaftet. 40 Sorten Gemüse gehören zum Programm. Im Freiland wachsen neben Möhren und Salat auch Kohl und Porree, Radieschen und Rosenkohl, Wirsing, Kräuter und Spinat. 20 Leute bilden den Kern, Angestellte für den Verkauf auf den Wochenmärkten der Region und Saisonkräfte kommen dazu. Im Schnitt werden sechs junge Leute ausgebildet. Alle wichtigen Fragen des Betriebs werden gemeinschaftlich entschieden.
Halt! Das Grünzeug staut und klemmt. Nichts geht mehr. Da müssen die Jungs mit Kraft und Spezialhaken richtig ziehen und zerren und haben ihre liebe Mühe. Aber sie schaffen es. Bettina Wönings Hanomag legt sich wieder ins Zeug. Kaum rollt die Fuhre wieder, springt Dietrich Vogelsang während der Fahrt ab – das Handy bittet zum Gespräch, gemanagt wird immer. Schon zeigt sich, wie wichtig der Steuermann auf seinem Platz ist. Die Raufriemen nehmen das Grünzeug nicht mehr richtig an, ein paar Meter lang bleiben die Möhren sitzen. Das Gemüse verlangt Genauigkeit.
Das beginnt bereits bei der Wahl des Ackers. Lehmboden wie in Mennighüffen ist gut; er darf aber nicht zu fest sein, sonst können ihn die Wurzeln schlecht durchstoßen und wachsen krumm und knubbelig statt schlank und schön gerade. Auf Lehmboden wird

Trickreich: Das Gemüse wird von zwei Klemmbändern aus der Erde in die Höhe befördert. Zwei gegenläufig rotierende Messersätze schneiden das Grün ab.

Steuerstand: Um die Möhren genau zu erwischen, wird die Aufnahme in der Höhe und seitlich ständig hydraulisch nachjustiert.

deshalb angehäufelt; die Möhren wachsen im Damm. Die Reihen müssen gleichmäßige 75 cm Abstand haben, damit die Maschinenarbeit klappt. Bei der Aussaat werden zwei Saatreihen gelegt mit einem Abstand von 3 cm von Korn zu Korn, sodass die Möhren passend dicht wachsen. Der Acker soll windoffen liegen, sonst geht es der Möhrenfliege zu gut. Deren Larven fressen viele kleine Gänge ins Gemüse. Kurz bevor die Saat aufgeht, werden Beikräuter abgeflämmt, damit die Möhren einen Wachstumsvorsprung haben. Das geht noch maschinell, aber später im Jahr führt an ein oder zwei Durchgängen mit der Handhacke kein Weg vorbei. Zwar wäre es billiger, mit der Chemiespritze drüberzufahren, aber genau das ist bei Bioland-Möhren aus guten Gründen nicht erlaubt. Alles in allem ist die Möhre nicht anspruchsvoll.
Dafür erhalten die Menschen ein gesundes Gemüse mit einem hohen Anteil an Beta-Carotin. Das wissen sie schon lange zu schätzen. Die ältesten Möhrensamen wurden bei Ausgrabungen in Schweizer Pfahlbauten entdeckt; sie stammen aus der Zeit um 2000 v. Chr. Von einem Acker wie dem in Mennighüffen sind etwa 350 bis 450 dt pro Hektar Möhren zu ernten. Sie werden bei etwa 4 °C gelagert und bis zum April oder Mai des Folgejahres verkauft. Für die Verarbeitung in

Übergabeband: Das geerntete Gemüse wandert in Großkisten. Im Kühlhaus gelagert, kommt es während des Winters nach und nach auf die Wochenmärkte.

der Nahrungsmittelindustrie bestimmte Möhrensorten werden größer; davon lässt sich fast doppelt so viel auf der gleichen Fläche ernten.
Wieder rollt ein Gespann mit vollen Kisten vom Acker. Reihe auf Reihe arbeitet sich der Möhrenroder vor. Beim genaueren Hinsehen fällt die blitzartige Geschwindigkeit auf, mit der das Messerwerk abschneidet. Eine brillante Konstruktion, der man die Raffinesse seiner Entwickler förmlich ansieht: Schräg gelagerte Scheibenpaare führen jeweils sechs Messer zur Mitte, wo sie das Kraut abtrennen und wieder zurückschwingen. „Roller Bar Assembly" nennt es die Ersatzteilbeschreibung des Herstellers IMC. Ursprünglich wohl eine amerikanische Erfindung, stammt diese Maschine aus der Fabrik in der Via Mantova im italienischen Parma. Das Messerwerk verrichtet seine Arbeit offenbar zuverlässig. Bis heute wird es unverändert gebaut. Zum Beispiel für die modernen Möhrenroder, wie sie auf der dänischen Insel Seeland bei ASA-Lift in Sorö entstehen. Die gibt es auch für den zweireihigen Betrieb; der „Steuermann" wird durch Fühler ersetzt, die die Grünaufnahme automatisch nachführen. Hydraulik hat Kettenantriebe abgelöst und statt eines Überladebandes wird wahlweise eine Großkiste direkt auf dem Roder befüllt und auf dem Acker abgesetzt. Ohne Messer wird das Gerät für die Ernte von Porree verwendet, in Kleinausführung erntet es Radieschen. Am Prinzip von Klemmriemen und Messerwerk hat sich seit 50 Jahren nur wenig geändert.
Dietrich Vogelsang muss den roten Roder weiter auf Kurs halten. Bis der Acker abgeerntet und der Tag zu Ende ist, wird noch manche Möhre das Tageslicht erblicken und in die Kiste wandern. Da wollen wir nicht länger im Weg stehen und danken für die spannende Mitfahrgelegenheit.
Und morgen gibt es Möhreneintopf.

Komplex: Ein Möhrenroder ist das Gegenteil von einem simplen Gerät. Trotzdem läuft dieses Exemplar zuverlässig seit mehr als 50 Jahren.

Das kleine, grüne Kraftpaket

Einachsschlepper Holder E 11 von 1968

Klein, aber raffiniert: Eine erstaunliche Anzahl von Hebeln bietet das grüne Ackergerät an. Klaus Werner Schormann erklärt.

Schlankes Gespann: Mit Pflug, Stützrad und Ladewagen ist der Holder komplett. Gesteuert wird durch Schwenken der Holme. Die Füße halten den Pflug in der Waage.

Wenn das mal gut geht. Es gab schon Kandidaten, denen beim Ankurbeln des Motors der Unterarm zu Bruch ging. Das wollen wir nicht erleben und stellen uns richtig in Positur. Beide Hände ans Eisen, Kurbel auf „20 vor" und Schwung. Es macht nur „buff". Also noch mal und mit richtig Schwung – der Holder tuckert los.

„Der Holder" ist ein kleiner Schlepper mit einer Achse. 1968 wurde er in Metzingen bei Stuttgart gebaut. Seit vier Jahrzehnten tut das kleine, grüne Ackergerät tuckernd seinen Dienst im Großraum Gohfeld und im Interesse der Lebensmittelproduktion. Zu seinen gewöhnlichen Aufgaben gehört das Pflügen. Wo in Klaus Werner Schormanns Garten die Kartoffeln wachsen sollen, ist schon eine Furche gezogen und wir dürfen heute probepflügen.

Das ist leicht gesagt. Uns bietet sich eine Hebelei von seltener Vielfalt an: Die Differenzialsperre, die Gangschaltung und die Handbremse samt Feststeller, Höhenverstellung der Holme und Tiefenverstellung des Pflugs, Kupplungshebel links und Radblockierung rechts; Gas gibt der rechte Daumen, der linke Zeigefinger löst die Kupplung. Warum einfach, wenn's auch kompliziert geht?

Klaus Werner Schormann souffliert. Dritter Gang, Gas geben, Kupplung kommen lassen: Es ruckt und wir pflügen los. Das rechte Rad rollt in der Furche, das linke oben, irgendwie stolpern wir hinterher. Halt! Nicht auf Mutters Erdbeeren! Die erste Wende ist fällig. Etwas zurück, den Pflug ausheben, rechter Drehgriff nach links und dann kommt's. Das rechte Rad dreht sich alleine und rückwärts aus der Furche heraus. Das linke Rad steht stur auf der Stelle – und so schwenkt sich das ganze Gefährt herum. Toll, denkt sich der Testpflüger. Da heben sich die Holme an und stemmen ihn in die Höhe. Er hält nur mit Mühe das Gleichgewicht. Alles normal, sagt der Profi und bestimmt: Pflug auf die andere Seite kippen, dritter Gang, Drehgriff nach rechts und los. Jetzt dreht sich das linke Rad vor und rollt in die Furche, der Pflug zieht sich ins Erdreich. Drehgriff auf geradeaus, der Daumen gibt Gas und das Räderpaar des Holders dreht sich durch den Garten. Eine Kraft hat das Ding!

Dabei sind es nur 10 PS. Mehr hat das Zweitakt-Dieselmotörchen nicht zu bieten. Das Geheimnis des Apparats liegt im Getriebe. Dieses Wunderwerk schwäbischer Ingenieurkunst macht aus dem Tuckergerät einen Kraftzwerg.

Seit 1955 bewältigte Schormann senior mit seinen Holdern das Gesamtprogramm des Ackerbaus: Pflügen und Eggen, Fräsen und Getreide ernten mit dem Mähbinder, dazu Gras schneiden mit dem Mähbalken und diverse Transporte. Mit einem selbst gebauten Kippwagen fuhr er die Ernte ein und das Jauchefass aufs Feld, auf den zweiachsigen Ladewagen kamen Kartoffeln und Korn, im Winter das Langholz. Dank des hohen Eigengewichts hat der Holder auch die abenteuerlichen Fuhren mit schweren, hoch beladenen Wagen nach Hause gebracht.

Schräglage: Ein Rad in der Furche, eines oben – und der Pflüger stolpert hinterher.

Holder waren das Richtige für die kleine Landwirtschaft. Sie lösten in den 1950er-Jahren die Kühe beim

Pflügen ab. Sie machten sich im Garten nützlich, wo sich die Leute mit dem Spaten gequält hatten. Streikte auf einem Hof der Trecker, half der Holder. Allein in Schormanns Nachbarschaft waren mindestens vier weitere Einachsschlepper unterwegs.
1888 gründeten die Brüder C. Friedrich und Martin Holder eine Maschinen- und Magnetfabrik. Die Firma war führend im Bau von Spritzen für die frühe Agrarchemie. 1930 baute sie den ersten Einachsschlepper. Nach dem Krieg kamen kleine allradgetriebene Schlepper mit Knicklenkung dazu. Sie sind bis heute wegen ihrer Eigenschaften als wendige Bergziegen im Weinbau unschlagbar. Seit 1995 baut Holder Kommunalfahrzeuge wie Kehrmaschinen und Rasenmäher für Fußballstadien. Zwischenzeitlich in japanischem Besitz, gehört Holder seit 2005 zum türkischen Landmaschinenkonzern Uzel mit Sitz in Amsterdam. Holder geht es gut. Seine Produkte werden in 70 Länder auf allen Kontinenten verkauft.
An den quirligen Mini-Treckern älterer Bauarten haben heute Oldtimerfreunde ihren Spaß. Unser Trecker ist noch im gewerblichen Einsatz und die Nr. 4 in der Reihe der Einachser von Vater und Sohn Schormann. Die drei Vorgänger hat harte Arbeit auf schwerem Boden verschlissen.
Wir starten zu einer Tour den Hartsieker Weg entlang. Der Holder bekommt ein Stützrad eingesetzt und ein Wägelchen angehängt, gerade groß genug für die Eggenteile und den passenden Baum, eine Schormann'sche Eigenkonstruktion. Der Fahrersitz besteht aus einem schmalen Brett, die Füße kommen auf den Pflug. Vierter Gang, Abfahrt. Im fünften Gang erreichen wir die Reisegeschwindigkeit von 8 km/h. Mehr muss nicht sein. Autos überholen, das grüne Gespann ist wenig mehr als einen Meter breit. Für die Wende brauchen wir Platz. Die Holme schwenken weit nach rechts, die Füße sollen den Pflug hinterherdrücken. Dazu könnten die Beine gerne länger sein, fast rutscht der Tester vom Brettchen.
Auf dem Rückweg rollt es flott bergab, das Tuckern klingt entspannt. Den Weg in den heimischen Stall findet der Holder fast von allein.

Technische Daten

Holder E 11

Baujahr: 1968
Motor: Fichtel & Sachs Einzylinder-Zweitakt-Diesel, 500 cm^3, 10 PS/7 kW
Bosch Einspritzanlage, Frischölschmierung
Drehzahl: max. 2300 U/min
Getriebe: 5 Vorwärts-, 1 Rückwärtsgang; Sperr-Differenzial, Antriebsräder wählbar, beide Räder blockierbar
Höchstgeschwindigkeit: 10 km/h
Gewicht: 390 kg fahrbereit
Zubehör: Fräse, Pflug, Egge, Sämaschine, Mähbalken, Anhänger. Antrieb über Zapfwelle

Auf zwei und drei Rädern

Was soll ein Dieselmotor mit einem Damenrad anfangen? Warum machen im Meyra-Rollstuhl die Arme schlapp? Wie kommt man unfallfrei auf ein schweres, wackeliges Fahrrad? Als Fahrräder noch wie halbe Kutschen aussahen, verlangten sie ihren Fahrern einiges ab. Die Betrachter eines älteren Motorradgespanns hingegen bekommen noch heute so seltsam glänzende Augen. Auf zwei und drei Rädern unterwegs: Etwas Mut gehört dazu.

BOMA
BOGISCH & MARBY
HERFORD
G.KNO

618
NBB

Milchkaffee und Michauline

Tretkurbelrad von 1868

Einspurige Kutsche: Der Michauline sieht man das Werk des Wagenbauers an.

Es sind nur zehn Kilometer. Vom Holzhandwerksmuseum in Hiddenhausen bis zur Eisdiele in der Bünder Eschstraße und zurück soll unsere Testfahrt gehen. Wir fahren mit einem Museumsstück. Die Konstruktion geht auf das Jahr 1868 zurück, heißt nach seinem Erfinder Ernest Michaux „Michauline" und ist ein sonderbares Fahrrad. Die Räder sind aus Holz gefertigt, fast alles andere aus massivem Schmiedeeisen. Der erste Eindruck: sehr hoch, sehr schwer, sehr wackelig. Die Pedale finden sich weit vorne an der Vorderradnabe. Der Sattel thront auf einer Blattfeder in erstaunlicher Höhe. Wie steigt man da auf?

Nach ein paar Versuchen, die etwas Lächerliches an sich haben, klappt es doch. Auf einer geraden, leicht abschüssigen Strecke nehmen wir drei Schritte Anlauf, schwingen das rechte Bein herüber, lassen uns in den Sattel fallen und suchen in Windeseile die Pedale. Um nicht gleich umzufallen, treten wir herzhaft zu. Das Gefährt schlingert und pendelt von einer Seite auf die andere – Arbeit für die Arme. Weil die Pedale direkt auf das gelenkte Rad wirken, muss beim Tritt aufs Pedal am Lenker gegengehalten werden. Also immer auf derselben Seite unten treten, oben ziehen. Schon nach einer kleinen Proberunde hat der Fahrer die Betriebs-

Bremse: Zum Zwecke des Verzögerns reibt Eisen auf Eisen. Den ledernen Bremszug wickelt der Fahrer durch Drehen der Lenkstange auf.

temperatur erreicht. Absteigen geht leichter. Wir rutschen einfach hinten seitlich herunter.
Bevor wir auf die Teststrecke gehen, sprühen wir noch einmal. Seit einer Stunde haben wir die Holzräder immer wieder gewässert, damit Felgen, Speichen und Naben stramm sitzen. Trotzdem wackelt das Gerät immer noch bedenklich. Außerdem hat die Lenkung viel Spiel und die Gabel steht steil. Von Geradeauslauf kann keine Rede sein. Höchste Konzentration ist gefordert. Gut, dass der Kreisheimatpfleger Eckhard Möller mitradelt und auf den Verkehr achtet. Nach wenigen hundert Metern passiert es auf dem Gutsweg dann doch. Das Vorderrad rollt in eine schmale Rille zwischen zwei Betonplatten. Und ganz fix liegen Rad und Radler bei den Brennnesseln im Graben. Das Hinterrad ragt hoch in die Luft. Glück gehabt. Bei Mensch und Material ist alles heil geblieben. Dennoch merken wir uns: Auch kleine Unaufmerksamkeiten bestraft dieses Rad hart und sofort.
Im Bustedter Wald geht es leicht bergauf. Das strengt an. Leichter geht es, wenn man sich im Sattel weit nach vorne setzt und so mehr Druck auf die Pedale bringen kann. Auf der folgenden Bergabpassage brauchen wir die Bremse. Dazu drehen wir die Lenkstange und

Querverkehr: Die Michauline rollt durchs Industriegebiet.

wickeln das Lederband auf, das seinerseits am Bremshebel zieht. Bald beginnt es am Hinterrad zu schleifen. Wir werden langsamer. Das ist auch bitter nötig, denn es naht eine Kurve. Wer auf die Idee kommt, sich mit den Eisenreifen in die Kurve zu legen, dürfte schnell am Boden liegen – und das hatten wir schon. Wir rollen mit einer Reisegeschwindigkeit von etwa 8 km/h durch die Bustedter Wohnstraßen. Die Räder laufen hart. Immer wieder werden mit hässlichem Knirschen Steinchen pulverisiert. Lenker und Pedale vibrieren, aber die Blattfeder unterm Sattel sorgt für recht kommodes Sitzen. Jungs mit ihren Mountainbikes kurven herum, Autofahrerinnen lächeln in unsere Richtung, na also. Trotzdem wird es Zeit für die Eisdielen-Pause.
Während ein Rote-Grütze-Becher und ein Milchkaffee zur Entspannung beitragen, versuchen wir Fragen zu beantworten. „Ja, das Ding fährt wirklich." – „Nein, Hochräder gab es erst später." – „Genau, die Michauline sieht nicht nur wie eine halbe Kutsche aus, ihr Erfinder war im Hauptberuf tatsächlich Wagenbauer in Paris."
Michaux hat durch die Idee mit den Tretkurbeln den Übergang geschafft von der „Draisine", der Laufmaschine des Freiherrn von Drais, zur richtigen Fahrmaschine. Geld hat er damit wohl auch verdient, weil 1868 schon 500 Arbeiter 200 Michaulinen am Tag hergestellt haben.
Hat nicht auch Leonardo so was Ähnliches …? Hat er wohl. Zumindest wird Leonardo da Vinci eine Zeichnung zugeschrieben, die ein Fahrrad mit Tretkurbeln

Aufgesessen: Aufsteigen geht mit Schwung, runter kommt man immer.

Umgelenkt: Ein feines Messingröllchen führt den Lederzug.

Eingestellt: Die Pedale lassen sich am Kurbelarm verschieben. Sie haben sogar einen kleinen Ölvorrat dabei.

und sogar mit Kettenantrieb zeigt. 1519 ist er gestorben. Wie viele andere seiner Ideen ist auch diese erst fast 400 Jahre später Wirklichkeit geworden.
Es wird Zeit für den Rückweg. Immerhin sieht es am Himmel so merkwürdig dunkel aus. Diesmal geht alles glatt. Im Bustedter Wald versuchen wir mal was Verwegenes. Das Rad rollt bergab, kein Auto droht – wir legen die Beine hoch. Weil das Rad keinen Freilauf hat, konstruierte Herr Michaux zwei Ablagen für die Unterschenkel. Sie sind aus Schmiedeeisen und sitzen seitlich am Steuerkopf. Sie fühlen sich ganz bequem an, aber dem Rad gefällt das gar nicht. Es schlingert so gefährlich, dass wir die Beine schleunigst wieder herunternehmen.
Ein kurzer, knackiger Anstieg zu den Scheunen des Holzhandwerksmuseums fordert noch einmal ganzen Einsatz. Da dreht das Vorderrad schon mal kurz durch. Für welche Art Straße die Michauline gebaut ist, macht sie auf der Zielgeraden mit zufriedenem Poltern klar. Richtig zu Hause fühlt sie sich – auf Kopfsteinpflaster.
Wir sind zurück. Zehn Kilometer und der Fahrer sind geschafft.

Technische Daten

Tretkurbelrad „Michauline"

Baujahr des Originals aus dem Berliner Museum für Verkehr und Technik: 1868

Baujahr des Nachbaus:	1995, hergestellt von der FAA Hiddenhausen im Auftrag des Kreisheimatvereins Herford
Rahmen, Gabel (52,5 cm lang):	Schmiedeeisen
Räder:	Eisenbereiftes Eschenholz, vorn 94 cm Durchmesser, 16 Speichen; hinten 82 cm Durchmesser, 14 Speichen
Radstand:	96 cm; Nabenabstand: 93 cm
Sattel:	Höhe (unbelastet) 104 cm, Breite 24 cm, Leder
Blattfeder:	96 cm lang
Lenker:	65,5 cm breit
Bremse:	Reibbremse, eisern mit Lederzug
Mittlere Geschwindigkeit:	8 km/h, Höchstgeschwindigkeit nicht ermittelt
Gewicht:	stattlich

Auf schräbbelnden Federn

Ein Spiralala-Fahrrad mit Federn-Notbereifung aus der Nachkriegszeit

Schlingerkurs: Das Spiralala-Fahrrad trägt statt Reifen Drahtfedern. Damit will das Rad nicht recht geradeaus laufen. Der Fahrer muss energisch nachhelfen.

Niederlage: Gegen den Rost hat der Lack des Damenrads gründlich verloren.

Wenn ich an das Mistding denke, koche ich immer noch." Helmut Kleymann war Malerlehrling und musste täglich von Lockhausen zum Betrieb nach Bad Salzuflen fahren. Sein Fahrrad war soweit in Ordnung. Bis auf die Reifen. Mit den alten Decken ging nichts mehr und an neue war 1946 kaum heranzukommen. Den Herstellern fehlte der Kautschuk, die Radfahrer flickten ihre Reifen bis zum „Gehtnichtmehr". Irgendwann war endgültig Schluss mit den Schlappen, aber fahren mussten sie trotzdem. Es schlug die Stunde der Notbereifung. Alles Mögliche wurde probiert: Vollgummi, Kabelreste, Kork, sogar Holz mit Eisenreifen wie bei einer Kutsche. Und: Schraubenfedern.

Helmut Kleymanns Rad hatte die seinerzeit üblichen Wulstfelgen, in die etwa 4 cm hohe Stahlfedern eingesetzt wurden. Solche Federn konnte jeder geschickte Metaller auf einer einfachen Drehbank herstellen. Die Händler boten sie im Satz an. Felge aufbiegen, Federn fest eindrehen, Felge wieder zu, fertig. Damit fuhr das Rad immerhin, wenn auch nicht übertrieben komfortabel.

Behelf: Vollgummi oder flach gefahrene Decke – irgendwie musste es in der Nachkriegszeit weitergehen.

„Eine Quälerei", graust es unseren Zeitzeugen noch heute. „Im Wald war es gefährlich", weiß Helmut Kleymann, „da blieben die Zweige in den Federn hängen. Und auf Basalt rutschte das Hinterrad seitlich weg. Wenn ich dann noch eine Tasche am Lenker hängen hatte …"

Das wollen wir genauer wissen. Der Herforder Motorveteranen-Sport-Club (MSCH) sammelt Fahrräder und hat eines jener Gefährte im Bestand, für das sich der Name „Spiralala" erhalten hat. Ansonsten sind aus der Vorgeschichte dieses Rades keine Einzelheiten überliefert. Wahrscheinlich ist es nach der Anschaffung eines luftbereiften Nachfolgers in irgendeiner Ecke gelandet und dem Vergessen anheimgefallen. Als es viele Jahre später als Sperrmüll wieder ans Tageslicht kam und von einem mitleidigen Veteranenfreund gerettet wurde, hatte der Lack den Kampf gegen den Rost auf ganzer Linie verloren. Das Rad sieht noch älter aus, als es ist.

Da das Velo keine Reifen und daher auch keinen Platten hat, können wir direkt mit einem vorsichtigen Fahrversuch starten. Mit angehaltenem Atem schaffen wir die ersten wackeligen Meter. Also gut: Drehen wir eine Runde über Herfords Wälle, dann sehen wir weiter.

Zwei geübte Radler kommen mit. Mit Juliane Tack, der Herforder Fahrradbeauftragten und dem tapfer radelnden Archivleiter Christoph Laue starten wir am Wittekinddenkmal Richtung Lübbertor. Die Federn schräbbeln los, die Bleche scheppern hell, es klickert im Hinterrad. Auf dem Pflaster hinterlassen die Federn deutliche Kratzspuren. In der Fahrbahnmitte auf feiner Asche fährt es sich geschmeidiger und nicht so rasselnd. Dafür fliegen Steinchen nach hinten weg. Um die Federn etwas zu stabilisieren, trägt unser Damenvelo im Hinterrad eingewickelt ein umlaufendes Band.

Auch eine Lösung: Gerhard Grenzebach zeigt ein Rad mit Vollgummiklötzen als Notbereifung.

Überlebt: Dem Ledersattel hat die Zeit wenig angetan.

Gehalten: Die Federn sind mit einem umlaufenden Band verbunden. Das hält sie während der Fahrt besser in der Reihe.

Ende einer Versuchsfahrt: Beide Felgen sind gebrochen. Die Querbelastung beim Absteigen war den Rädern zu viel.

Damit halten sich die Federn gegenseitig so halbwegs in der Reihe.
Trotzdem wackelt das Rad beständig, ab und an müssen wir es mit einem Ruck wieder auf Kurs bringen. Das Klickern wird lauter, eine Speiche hat aufgegeben und kommt raus. Oh Schreck, da fehlen noch mehr.
Die erste Unterführung bringt den Bremsentest. Sachte, sachte – irgendwie geht es gut. Die anschließende Steigung schaffen wir mit ein bisschen Schwung und Krafteinsatz. So langsam gewöhnen wir uns aneinander. Bei diesem schönen Spätsommerwetter sollten wir es bis zur Eisdiele an der Rennstraße schaffen.

Dem luftgefüllten Reifen verdankt das Fahrrad seinen Durchbruch als ernsthaftes Verkehrsmittel. Vom Laufrad des badischen Freiherrn von Drais über die ersten Räder mit Tretkurbelantrieb bis zum Hochrad ist die Frühgeschichte dieses Gefährts von hart und schwer laufenden Knochenschüttlern geprägt. Bis ein gewisser John Boyd Dunlop, Tierarzt in Belfast, am 28. Februar 1888 auf die Idee kam, eine Art Gummischlauch in die Fahrradfelge zu legen und aufzupumpen. Seitdem gehören Luftreifen zum Fahrrad, sofern dieser Verschleißartikel zur Verfügung steht. Stellten die deutschen Fabriken 1938 noch rund zwölf Millionen Stück her, brachten sie es nach dem Krieg nur auf knapp vier

Millionen. Gleichzeitig war der Bedarf stark gestiegen, weil in Kriegs- und Krisenzeiten viel Fahrrad gefahren wurde. Als das Geld für Bus und Bahn nicht mehr reichte, kam das alte Rad wieder aus dem Keller.
Neue Reifen aber gab es nur auf Bezugsschein – und das auch nur, wenn der Radler „dringenden Bedarf" nachwies und noch dazu einen Händler gefunden hatte, der Reifen auch liefern konnte.
Die Unterführung unter der Rennstraße hindurch ist tief. Da muss die Bremse richtig zupacken. Sie tut, was sie soll. Das Hinterrad blockiert. Da stieben doch tatsächlich Funken über den Asphalt!
Beim Überqueren der Friedhofstraße zeigt sich die natürliche Stärke der Federn: Kante runter, Kante rauf – der Felge bleiben harte Schläge erspart. Erhebliches Aufsehen lösen wir unter den Berufsschülern aus, die über die Hertabrücke zum Bahnhof unterwegs sind. So ein Schrottding fährt?
Beim Pöppelmannhaus soll Pause sein, ein Fahrerwechsel ist im Gespräch. Beim Absteigen passiert es dann: Für eine Millisekunde bekommt das linke Pedal richtig Gewicht und das ist dem Gefährt dann doch zu viel. Beide Felgen werden schwach, geben nach und knicken um. Wir haben die ausdauernde Zersetzungsleistung des Rostes und die Altersschwäche des Velos unterschätzt. Kreidebleich im Gesicht und für Minuten so gut wie sprachlos besieht sich der Testfahrer das Malheur. Die Felgen sind hin, Federn liegen herum. Die Fahrt ist zu Ende. Das Rad wird vom Platz getragen.

Zwecklos: Diese Bremse bremst nicht.

Technische Daten

26-Zoll-Damenrad, Hersteller unbekannt

Bauzeit: vermutlich 1930er-Jahre, unrestauriert

Gewicht: ca. 17 kg

Muffenloser Tourenrahmen, Nummer fünfstellig, aber unlesbar

Bremsen: vorn Gestängebremse ohne Funktion, hinten „Rotax"-Rücktritt-Nabenbremse

Not-„Bereifung" mit vorne 70, hinten 66 Schraubenfedern; am Vorderrad Federdraht mit 3 mm Durchmesser, hinten 3,5 mm; am Hinterrad mit Band umlaufend verbunden

Gebaut für lange Strecken

„BOMA"-Tourenrad von 1953

Am liebsten geradeaus: Das BOMA-Tourenrad zeigt einen unerschütterlichen Geradeauslauf. Gabel und Rahmen sind dafür gebaut. Lange Strecken steigern den Spaß.

Schmuckstück: Die Klingeldeckel gestalteten Fahrradhersteller gerne individuell. Spitzenprodukte wurden sogar aus Bronze gegossen. Heute sind sie begehrte Sammelobjekte.

Aus einem Stück: Die Schaltung für die Dreigangnabe macht richtig Eindruck – lange Wege, präziser Gang, gediegene Optik.

„Vertrauenswürdig" trifft es vielleicht am besten. Schon im Stand ist diesem Fahrrad anzusehen: Es gehört zur gutmütigen Sorte. Also aufgesessen und los. Vorsichtig rollen wir über den Hof und testen als Erstes die Bremsen. Die Rücktrittbremse am Hinterrad verzögert ganz ordentlich, aber vorne tut sich nicht viel. Hier drückt Gummi auf Gummi wie bei Gestängebremsen üblich. Zum Glück ist der Hof trocken. Mit nassen Reifen wäre die Bremswirkung vermutlich gleich null. Gebremst wird also hinten. Einmal in Schwung gebracht, zeigt das BOMA-Rad, wofür es gebaut ist: zum Rollen. Ein typischer Tourer für die lange Strecke. Unerschütterlich zieht es seine Bahn.

Der üppig gefederte Wittkopp-Ledersattel schluckt zusammen mit der besonders schräg gestellten Gabel und den 1.75er-Reifen alles weg, was die Fahrbahn an Unebenheiten bereithält. Die Sitzhaltung ist aufrecht, ein Gefühl fast wie auf dem Hollandrad.

Dreigangnabe: Das frühe Modell läuft klickerfrei.

Zubehör: Ein richtiges Tourenrad braucht Werkzeug und Luftpumpe.

Für die Berg- und Talfahrt verfügt der Tourer zum Glück über eine Schaltung. Die Fichtel-&-Sachs-Nabe hatte schon 1953 drei Gänge, schaltbar mit Hilfe eines Hebels am Lenker. Auf dem Weg vom ersten zum dritten Gang wird er fast ganz herumgedreht. Dafür findet sich aber auch zwischen den Gängen jeweils eine Leerlaufposition. Dieser Schalter ist ein Werk für sich. Wie aus einem Stück gefräst, wie für die Ewigkeit gemacht. Der Chrom glänzt noch heute tadellos.
Anders als die jüngeren Dreigangnaben läuft das frühe Modell im BOMA geräuschlos, also ohne das Klickern des Freilaufs. Dafür ist es mit knapp zwei Kilo ein echter Brocken.
Schon der erste Gang ist relativ lang übersetzt. Wenn es richtig steil wird, schiebt der BOMA-Fahrer. Dafür sorgt der dritte Gang dann für Tempo, auch bei der Abfahrt. Das Rad wirkt eher unauffällig, ist aber richtig schnell. Bei Familienausfahrten muss Vater sich schwer im Zaum halten.

Bogisch und Marby: Bis 1962 stellte die Firma in Herford Fahrräder her.

Fahrradsammler: Thomas Stachowski aus Bünde forscht und sammelt. Spannender als die Räder selbst findet er die Informationen drumherum – Hersteller, Lieferanten, Heimarbeiter. Dieses noch unrestaurierte Rad stammt von der Löhner Firma Büssing.

Zum Eckenflitzen taugt es nicht so recht. In eng gefahrenen Kurven berühren sich Lenkerende und Knie recht schnell. Das Rad will lieber geradeaus.
Von der Ausstattung können sich moderne Fahrräder eine Scheibe abschneiden. Allein die patente Werkzeugdose mit Bajonettverschlussdeckel! Auch die Bosch-Beleuchtung kann sich noch heute sehen lassen, sie war seinerzeit das Beste auf dem Markt.
Hergestellt wurde das Rad mitten in Herford. Die Firma Bogisch und Marby („BOMA") hatte ihren Sitz am Alten Markt 6. Von 1946 bis 1962 wurde dort produziert. Mit knapp 150 DM war das Rad 1953 nicht ganz billig. Joachim Stachowski leistete es sich von seinen ersten drei Lehrlingslöhnen. Heute ist der Tourer das Lieblingsrad in der Sammlung seines Sohnes Thomas. Sorgsam restauriert, sieht man dem BOMA die fünf Jahrzehnte nicht an. Das Herforder Qualitätsrad der Wirtschaftswunderjahre war ganz auf Alltagstauglichkeit getrimmt und kann mit heutigen Stahlrössern erstaunlich gut mithalten. Billig-Bikes stellt es mühelos in den Schatten.

Technische Daten

28-Zoll-Herrenrad, Diamantrahmen

Baujahr:	1953, Bogisch & Marby
Schaltung:	Fichtel & Sachs Dreigang
Beleuchtung:	Bosch mit Seitenläufer-Dynamo
Reifen:	28 x 1.75
Bremsen:	Rücktritt hinten, Gestänge vorn

Knauseriges Krisenmotörchen

„Panther"-Fahrrad mit „Lohmann"-Hilfsmotor von 1952

Schmalhans: Ein Lohmann-Diesel passt an jedes normale Fahrrad. Eine Reibrolle überträgt die Antriebskraft aufs Hinterrad.

Zugegeben: Gewisse Zweifel sind da. Zwar macht das Damenfahrrad einen grundsoliden Eindruck, aber was soll dieser Winzling von einem Motor?
Probieren wir's aus. Mit dem rechten Drehgriff geben wir Vollgas. Wir steigen in die Pedale und rollen los. Der Motor dreht mit. Auf Tempo gekommen, sollen wir den linken Drehgriff am Lenker voll zurückdrehen. „Schlagartig", sagt Kurt Meyer. Passiert was? Läuft der Lohmann-Hilfsmotor? Woran könnten wir es merken? Eine feine, helle Rauchfahne entweicht dem Auspuffröhrchen. Aha. Lassen wir das Mittreten vorsichtig sein. Tatsächlich, das Fahrrad fährt weiter. Lohmann arbeitet.
Der Hilfsmotor der Marke Lohmann stammt aus Bielefeld. Die Lohmann-Werke waren Spezialisten für Fahrradzubehör, Sättel und Koffer. Ende der 1940er-Jahre boten sie auch einen Hilfsmotor an, montierbar fast an jedes normale Fahrrad. Ein Minitank kam ans Sattelrohr, zwei Drehgriffe wurden an den Lenker geschraubt, der Motor an den Hinterbau – fertig.
1952 machte es Kurt Meyer genauso. Der Senior des Spezialbetriebs für Stanztechnik „Gustav Meyer Ahle" in Bünde war seinerzeit für drei Wochen als Praktikant bei Lohmann in Bielefeld. Am Ende der Praktikumszeit fuhr er wie gewohnt am Abend zurück nach Ahle, mit dem ersten eigenen Lohmann am Rad. Im väterlichen Fahrradgeschäft gehörten sie zum Sortiment.
Kein anderer Hilfsmotor für Fahrräder war kleiner, schwächer oder billiger als der Lohmann. Dafür hatte er weder Schaltgetriebe noch Kupplung. Er kam ohne Zündanlage aus und lief trotzdem. Meistens.

Mit den Ohren fahren: Das Lohmann-Geräusch verrät, ob es dem Motor gut geht. Drehgriffe an beiden Lenkerenden dienen der Feineinstellung.

Wie jetzt. Wir gehen auf Tour und rollen über den Oberahler Weg zwischen dem Flüsschen Else und der A 30. Bergab wird das Rädchen flott. Links ab ins Ascher Bruch. Von der Landschaft sehen wir nicht viel. Es regnet, die Knie werden nass. Auf einem Lohmann-Rad ist trotzdem für Unterhaltung gesorgt, weil es „mit den Ohren gefahren werden will". Das sagt Kurt Meyer. Das Motorgeräusch soll zwischen dem „Pläppern" des Zweitakters und dem „Nageln" des Diesels liegen. Dazu braucht man den Griff am linken Lenkerende. Der möchte ständig ein bisschen gedreht werden, je nach Drehzahl und Geschwindigkeit, Millimeterchen vor, Millimeterchen zurück. Das ist wie beidhändiges Gasgeben: Seltsam, aber es funktioniert. Bis die Steigung nach Groß Aschen kommt. Wenn es nur ein wenig steil wird, sollte der Lohmann-Fahrer mitleidig in die Pedale steigen. Wer hilft hier wem?
Fahrräder mit Hilfsmotor sind ein Krisenphänomen. Als nach der Weltwirtschaftskrise 1929 niemand mehr richtige Motorräder kaufen konnte, entwickelten viele Anbieter Kleinmotoren. Einen neuen Standard setzte 1934 die NSU „Quick". Mit Motoren von ILO und Sachs fuhren bald zahllose Motorfahrradmodelle durch die Lande. Bielefeld war Hochburg für die kleinen Flitzer: Anker, Bastert und Dürkopp, Göricke, Rixe und Rabeneick kamen mit eigenen Typen daher. Die Hoch-Zeit lag in den 1950er-Jahren, als in schneller Folge neue Modelle das Licht der Welt erblickten. Dazwischen, in der Krisenzeit nach dem Zweiten Weltkrieg, bestimmten wieder die Sparmotörchen das Bild.
In Groß Aschen geht es links ab. Sollen wir den linken Griff loslassen und Handzeichen geben? Lieber nicht,

Eigentümer: Kurt Meyer legte sich seinen Lohmann 1952 zu.

wer weiß, was passiert und Autos sind nicht in Sicht. Über die Warmenau geht es hinauf nach Klein Aschen, wo wir versuchen, langsam zu fahren. Das Gehör übt. Pläppern und Nageln wechseln sich ab.
Der geistige Vater des Mikromotors hieß Hermann Teegen. Der aus Bünde stammende Ingenieur kombinierte bekannte technische Tricks für seinen Antrieb neu. Er brachte in dem Miniaturzylinder eine längs verschiebbare Laufbuchse unter. Er entschied sich dafür, das Luft-Gas-Gemisch so weit zu verdichten, dass es ohne Zündfunken explodierte. Anfangs lief das Gerät nur widerwillig und zog sich den Spott als „technischer Aprilscherz" zu. Als Teegen ihm die Zicken abgewöhnt hatte, lief es zu großer Form auf. Kein anderes Aggregat knauserte mehr mit dem Sprit. Der Rekord liegt bei 163 Kilometern mit nur einem Liter.
Dennoch war 1954 Schluss mit Lohmann. Die Leute hatten wieder Geld und Lust auf richtige Mopeds. Heute ist der Motor, der weder Otto noch Diesel ist, unter Sammlern heiß begehrt. Zu späten Ehren kommt Teegens Idee womöglich im Auto der Zukunft. Mercedes-Benz testet gerade einen Vierzylinder mit verstellbarer Kompression. Weder Otto noch Diesel, heißt er in Stuttgart bis auf weiteres „Diesotto".
Eine Abschlusskurve auf Kurt Meyers Hof. Der Fahrer schwächelt wegen tiefkalter Knie, während der Lohmann läuft und läuft. Wie stellt man ihn eigentlich ab? Zündschlüssel? Aus-Schalter? Nichts gibt's. Also ziehen wir die Bremsen und würgen ihn ab.
Gewisse Zweifel bleiben.

Komfort: Die Federgabel gehörte zur Serienausstattung des Damenrads. Der Frontreflektor ist bedeutend jünger.

Technische Daten

28-Zoll-„Panther"-Damenrad mit Schwinggabel

Motor:	gemischverdichtender, kompressionsgeregelter Zweitakt-Kleinmotor
Hersteller:	Lohmann Werke AG Bielefeld
Baujahr:	vermutlich 1952
Gewicht:	5,5 kg
Bohrung/Hub:	28 mm/30 mm
Hubraum:	18 cm^3
Leistung:	0,8 PS bei 6000 U/min
Kraftstoff:	Öl-Petroleum-Gemisch 1 : 25
Tankinhalt:	ca. 1,5 l
Höchstgeschwindigkeit:	ca. 25 km/h in der Ebene

Ein Gedicht auf drei Rädern

Horex Regina 350-Gespann von 1951

„Total lässig": Sozia Monika Guist kennt sich mit Seitenwagen aus. Das leichte Gespann kurvt flink und wendig um die Ecken.

Kommt die Sprache auf dieses Motorrad, dann leuchten die Augen und die Tonlage wird feierlich: Horex Regina! Die 1950er-Jahre kannten viele Motorräder. Aber Zeitgenossen des frühen Wirtschaftswunders sind sich seltsam einig: Die Horex – das war ein „richtiges" Motorrad. Edel, gut und teuer. Für viele ein Traum. Irmgard und Ernst Lemke aus Enger leisteten sich ihre Regina im Frühjahr 1952. Zuvor waren sie mehrmals im Jahr auf einer Victoria Richtung Schwarzwald unterwegs. Die Fahrten waren genauso lang wie strapaziös. Und dann die erste Tour mit der neuen Regina. „Ein Gedicht!", schwärmt Irmgard Lemke noch heute von der Federung der Horex.

Stefan Mausbach schwärmt nicht. Er schraubt. Mit seinen Freunden vom Motorveteranen-Sport-Club Herford stellt er aus rostigen Resten edle Oldtimer wieder auf die Räder – fahrfertig. Ihm ist es zu verdanken, dass es die Regina aus Enger heute noch gibt. Er setzte sie wieder instand und spendierte ihr auch einen Seitenwagen. So kommt es, dass wir heute eine nette Sozia auf unsere Testfahrt mitnehmen können, die sich seit Kindertagen in Seitenwagen wohlfühlt.
Nachdem die Batterie getauscht und der Vergaser geflutet ist, wird der Kickstarter getreten. Es macht „plöff". Ein blaues Rauchwölkchen kräuselt sich unterm Sattel hervor. Sie läuft eben nicht jeden Tag. Im dritten

Das Auge fährt mit: Die Regina begeisterte die Motorradfreunde in den 1950er-Jahren wie die Oldtimerfans heute. Mit Telegabel, 18-PS-Motor und Ausstattung wie Bremslicht, Vollnabenbremsen und vielen Alu-Teilen war sie ihr Geld wert. Viel Chrom und der – konstruktiv unnötige – zweite Auspuff boten etwas für die Optik.

Versuch ist es geschafft, der Motor entfaltet den Klang, für den er unter Freunden berühmt ist. Es heißt Platz nehmen. Der breite Schwingsattel federt wie ein Sofa durch. Volle Konzentration erfordert das Schalten. Horex-Motorräder tragen unüblicherweise den Fußbremshebel links, rechts sitzt eine Schaltwippe. Zum Runterschalten wird hinten getreten, zum Hochschalten vorne. Wenn das mal gut geht …

Sachte rollen wir vom Hof. Links ab, gleich wieder rechts, und volle Konzentration: Den zweiten Gang finden wir mit dem rechten Fuß vorne unten. Immerhin – das klappt. Mit Blinken halten wir uns nicht auf, weil es keinen Blinker gibt. An der nächsten Rechtskurve versuchen wir es wie auf dem Fahrrad mit Handzeichen. Das ist schlecht, weil die Hand gleichzeitig Gas geben muss. Gut, dass es jetzt eine Weile geradeaus geht, denn wir sollten die Bremsen versuchen. Der linke Fuß tritt vorsichtig zu, die Bremse im Hinterrad wirkt ordentlich.

Das kann man von der Vorderradbremse nicht behaupten. Die rechte Hand kann am Hebel ziehen, wie sie will: Es passiert fast nichts. Lassen wir den Motor mal etwas tun und bieten ihm den dritten Gang an.

Die 18 PS stemmen das Gefährt tüchtig vorwärts.

27827: Jeder Kilometer mit diesem Prachtmotorrad muss ein Genuss gewesen sein.

Feinarbeit: Stefan Mausbach restauriert Motorräder. Weil sie nicht nur schön aussehen, sondern auch fahren sollen, gibt es immer was zu tun. Standgas und Kontakte nachstellen, Batterie laden, Öl wechseln …

Dabei braucht es keine hohen Drehzahlen. Für ihre Verhältnisse verfügt die Maschine über ein stattliches Drehmoment und zieht gut von unten durch. Und wenn sich Motorräder überhaupt schön anhören können, dann am ehesten so eine Horex unter Last. Der Langhuber und seine zwei Auspüffe klingen richtig gesund.
Als die Regina Anfang der 1950er-Jahre an den Start ging, traf sie genau den richtigen Moment. Der Motorradboom machte sie zur meistverkauften 350er-Maschine weltweit. Technisch überzeugte sie mit Telegabel, vier Gängen, vielen Aluminium-Teilen und einem Motor, dessen Konstruktion so aufgeräumt war, dass jeder Dorfschmied ihn reparieren konnte. Aber schon Ende 1955 neigte sich die Hochphase wieder dem Ende entgegen. Die Deutschen kauften lieber Autos. Spätere Horex-Modelle wie „Resident" und „Imperator" kamen an den Erfolg der Regina nicht mehr heran.
Der Spaß mit dem Gespann beginnt, wenn es um die Ecken geht. Wie beim Solomotorrad sind Kurven das Salz in der Suppe. Nur wollen sie ganz anders gefahren werden. Schön im Bogen, dabei muss der Lenker weit rum, weil sich das Gefährt nicht in die Kurve legt. Soll es flott gehen, wird in Linkskurven hineingebremst, aus Rechtskurven herausbeschleunigt, dieweil der Seitenwagen mit seinem Gewicht entweder schiebt oder zieht. Das Dreirad ist ein asymmetrisches Fahrzeug. Damit rollen wir noch ein bisschen durchs Baugebiet. Der Sozia im Seitenwagen geht's gut. „Total lässig" findet sie die Sitzhaltung. Die Füße ruhen sich auf

Kultobjekt: Unter Oldtimerfreunden steht kaum eine Marke so hoch im Kurs wie die Klassiker aus Bad Homburg.

einer Stütze aus, wie es sie sonst nur im ICE gibt. Und so tief auf der Straße, echt rasant.
Stefan Mausbach wirkt sichtlich froh, als der Oldtimer schadenfrei wieder auf dem Hof steht. So kann er sich schraubend anderen Dingen zuwenden. Uns ist jetzt ein wenig klarer, woher es kommt, das Feierliche in „Horex Regina".

Technische Daten

Horex Regina 350 mit Steib-Seitenwagen S 350

Baujahr:	1951
Motor:	Einzylinder-Viertakt, 342 cm^3
Max. Leistung:	18 PS bei 5800 U/min
Hub/Bohrung:	91,5/69 mm
Getriebe:	Viergang
Kraftübertragung:	Kette
Tankinhalt:	13,5 l

Offener Rohrrahmen, Telegabel

Zwei Arme und drei Räder

Meyra-Rollstuhl Typ 28 von 1980

18 Prozent Steigung: Auf dem Testgelände des lippischen Rollstuhlspezialisten Meyra geht es steil und hart zur Sache. Für den Ungeübten grenzt der Kraftakt an Quälerei. Das Dreirad wiegt leer mehr als 65 Kilogramm.

Den kennen wir doch! Groß und schwarz, hinten zwei große Räder, vorne ein kleines, zwei lange Hebel auf beiden Seiten: In einem solchen Rollstuhl fuhr seinerzeit der Vater eines Klassenkameraden über Land. Hier steht er in der Ausstellungshalle der Firma Meyra im lippischen Kalldorf zusammen mit etlichen historischen und aktuellen Rollstuhl-Modellen aus der Meyra-Produktion.

Der Klassiker unter den Rollstühlen, genannt „Typ 28", gebaut 1980 in Vlotho, steht für eine Testfahrt bereit. „Seien Sie bloß vorsichtig", mahnt Rolf Weege, früher Entwicklungsspezialist bei Meyra und heute Professor für Maschinenbau an der FH Lippe, „Stürze enden immer blutig." Dreiräder neigen zum Kippen in schnell gefahrenen Kurven. Einsteigen und orientieren: Der Bremshebel sitzt rechts und wirkt auf eine Trommel am rechten Hinterrad. Gegenüber hält sich der Getriebeschalthebel bereit, drei Gänge stehen zur Verfügung.

Die Hände finden an zwei Holzgriffen an den Antriebshebeln Platz; sie sind drehbar und lenken über eine komplizierte Hebelei das Vorderrad. Wir lösen die Bremse, bewegen die Hebel, das Gefährt rollt rückwärts. Also anders – links drücken, rechts ziehen. So geht's voran, die Reifen quietschen auf dem glatten Boden. Über den Firmenparkplatz rollen wir zum Testgelände. Die Antriebshebel bewegen sich unregelmäßig vor und zurück, je nach Wegstrecke in den Kurven – daran müssen wir uns gewöhnen. Man sitzt bequem, der Oldtimer-Rolli macht, was er soll. Die Lenkung funktioniert leicht und genau.

Lenkgestänge: Die Steuerbefehle des Fahrers kommen präzise am Vorderrad an.

Ursprung: Die ersten Fahrzeuge baute Meyra am Gründungsstandort Vlotho an der Weser.

Handgriffe: Mit ihnen wird gedrückt, gezogen und gedreht.

Mechanik: Alles am „28"-Rollstuhl lässt sich leicht und genau bewegen. Der Hebel mit dem schwarzen Knauf gehört zur Trommelbremse am rechten Hinterrad.

Nachgiebig: Der Sitzkasten des „28" ist an zwei Zugfedern aufgehängt.

Auf der Teststrecke wird weniger das Fahrzeug als der ungeübte Fahrer getestet. Schalten, bremsen, lenken, Vortrieb leisten – alles ist Arbeit für Arme und Hände und nur logisch bei einem Fahrzeug für Menschen, die ihre Beine nicht einsetzen können. Es geht rauf, 18 Prozent Steigung liegen an. „Normalerweise ist bei Rollstühlen mit 10 Prozent Schluss", sagt Jost Arning. Der Meyra-Mann weiß, was kommt. Schon nach zwei Metern Fahrstrecke ist jeder Schwung weg, jetzt wird nur noch gedrückt. Meine Güte, ist das schwer. Bei jedem Schub versetzt das Vorderrad nach links oder rechts. Mit Gewalt und letzter Kraft kommen wir oben an. Nur gut, dass die Strecke nicht länger war. Noch mal? Freiwillig nicht.

Freiwillig fährt niemand Rollstuhl. Stephan Farfler zum Beispiel war gelähmt, wollte sich vom Gottesdienstbesuch aber nicht abhalten lassen. Der Uhrmacher und Mechanikus baute seinen Rollstuhl selbst, mit drei Rädern und Handkurbelantrieb und fuhr damit zur Kirche. Das war 1655. Von König Philipp II. von Spanien ist bekannt, dass er Ende des 16. Jahrhunderts über einen Rollstuhl mit verstellbaren Rücken- und Fußstützen verfügte und sicherlich auch über jemanden zum Schieben. So konnte er die Staatsgeschäfte trotz seiner schweren Gicht erledigen. Von 1420 datiert eine italienische Konstruktion mit Seilzugantrieb zum Selbstfahren. Der älteste Rolli-Nachweis überhaupt stammt aus China und ist 3300 Jahre alt.

Um behinderte oder kranke Menschen zu transportieren, hat man neben Tragen und Sänften auch einfache Rollbretter und Schubkarren verwendet. Soldaten, die ihre Beine im Krieg verloren hatten, ließen sich darauf von Hunden oder Ziegen ziehen. Nicht selten waren es die Menschen mit Handicap selbst, die Spezialfahrzeuge konstruierten oder verbesserten. So entstand eine unglaubliche Vielfalt an Rollstühlen zum Selbstfahren oder Schieben, simpel oder je nach Geschmack und Geld prunkvoll verziert. Unser Typ 28 war der erste serienmäßige Rollstuhl, der ausschließlich für draußen gedacht war. Durch den Hebelantrieb erlaubte er Selbstmobilität über weitere Strecken.

Der Rollstuhl wurde von Meyra und anderen Herstellern wie Voltmann in Bad Oeynhausen und Petri & Lehr in Offenbach seit den 1930er-Jahren gefertigt. Vor allem nach 1945 wurde er in großen Mengen gebraucht, meist für Kriegsversehrte. Beim „28" lässt sich die Rückenlehne verstellen, der Fußkasten arretieren, der Einstieg links oder rechts vorsehen und die Hebel lassen sich beidseitig oder nur links/rechts anbringen – mehr Anpassung an individuelle Bedürfnisse war nicht drin. Trotzdem blieb das Modell bis in die 1980er-Jahre unverändert. Gekauft wurden die Wagen nicht von ihren Fahrern, sondern von den Krankenkassen. Sie bestimmten über die Anforderungen und hielten sich an eine Norm, die „DIN FANOK 28". Diese Vorschrift gilt in Fachkreisen als Paradebeispiel für eine Norm, die die technische Entwicklung über Jahrzehnte verhindert hat. So hielt sich unser Oldie über 50 Jahre lang im Straßenbild, schwarz und schwer. Neben einem aktuellen Renner, „Speedy" genannt, wirkt er altertümlich. Zum Vergleich sprinten wir mit der Kombination von Leichtgewichtsrollstuhl FX-one von Meyra und einem Vorsatzrad der Delbrücker Firma Speedy Reha Technik über den Firmenhof. Die 27-Gang-Shimano-LX-Schaltung kennen wir vom Trecking-Rad, gebremst wird mit einer Kombination von V-Brake und Scheibenbremse aufs Carbon-Vorderrad. Das Speedy macht seinem Namen alle Ehre. Die Reifen beginnen in den Kurven zu pfeifen. Zwei Nachteile stellen sich rasch heraus: Wenn es steil wird, dreht das Vorderrad durch. Und Speedy kostet richtiges Geld, das die Krankenkasse nicht übernimmt. Fritz Elbracht aus Hiddenhausen, mit allen Eigenheiten des Rollifahrens vertraut, bringt es auf den Punkt: „Die meisten Behinderten sind arbeitslos. Wer kann sich so ein 2500 € teures Gerät leisten? Es gibt viele tolle Konstruktionen, aber sagen Sie das mal der Krankenkasse." Doch nun das alte, behäbige Dreirad des Baujahrs 1980, das auch Baujahr 1960 hätte sein können.

Rasant: Moderne Rollstühle können es sportlich, leicht und sehr schnell. Sie schwächeln nur, wenn es steil bergauf geht. Das angetriebene Vorderrad rutscht durch.

Oder 1950. Oder 1940. Wir steigen ein und gehen auf Tour durchs Lipperland. An der Niedernfeldstraße entlang rollen wir Richtung Langenholzhausen. Das geht anfangs richtig runter. Die Bremse bekommt Arbeit. Dabei wirkt das Trömmelchen überfordert, schafft es aber schließlich doch. Kurz bevor das Gefährt steht, stößt die Bremse noch einen verzweifelten Schrei aus. Eben geht es weiter, wir nehmen den dritten Gang. So fährt es sich lässig. Links ab Richtung Langenholzhausener Forst, der Weg fällt zum Flüsschen Kalle hin ab: die Gelegenheit für den Leerlauf. Selten so bequem zwischen Rapsfeldern hindurchgerollt, eine Hand am Lenkgriff, so darf es gerne weitergehen. Nach der Wende steigt der Weg folgerichtig wieder an; vom dritten Gang wechseln wir in den zweiten, selbst der ist zu lang. Der „28" erzieht zu Ruhe und Geduld, verlangt aber Kraft in den Armen. An der Hauptstraße angekommen, rollt er plötzlich von alleine los. War es hier nicht vorhin noch eben? Dieser Rollstuhl spürt selbst das schwächste Gefälle auf. Aber jetzt: der Schlussanstieg. 18 Prozent sind es zwar nicht. Dafür will die Steigung kein Ende nehmen. Schnell am Ende ist die Armkraft, trotz erstem Gang. Was machen wir da? Aussteigen gilt nicht. Also Bremse; zum Glück rollt die Fuhre nicht zurück. Pause. Weiter. Aber zuerst müssen wir sehen, ob der linke Hebel vor- oder zurückgedrückt werden muss. Mit rechts die Bremse los, beidhändig Kraft, zehn Meter drücken: Mehr geht nicht. Wieder wird der Anker geworfen. Am Rücken ist es klamm, auf der Stirn stehen Perlen. Weiter. Noch einmal Halt. Jetzt alles geben – dann sind wir oben. Nie war er größer, der Unterschied zwischen rauf und runter.

Die Tür zur Ausstellungshalle öffnet sich automatisch. Auf der gesamten Tour waren weder Bordsteinkanten noch Stufen im Weg. Was hätten wir da nur gemacht?

Technische Daten

Meyra Typ 28

Baujahr:	1980
Fahrzeugnr.:	6626
Antrieb:	Beidseitig angebrachte Hebel, auf Kurbeln wirkend
Differenzialgetriebe:	3 Gänge, 2 Leerlaufpositionen, Schalthebel links
Lenkung:	2 Drehgriffe mit je 1 Zahnstange bewegen 6 Hebel, 5 Stangen, 1 Welle
Fahrwerk:	Vorderrad 20 x 2.25; Hinterräder: 26 x 1.75, Spurweite: 740 mm, Radstand: 142 cm, Sturz: 0
Wendekreis:	ca. 4,50 m
Bremse:	Trommel am rechten Hinterrad mit Handhebel, arretierbar
Federung:	Schwinge am Vorderrad, zwei Spiralzugfedern am Sitzkasten
Gewicht:	66,5 kg

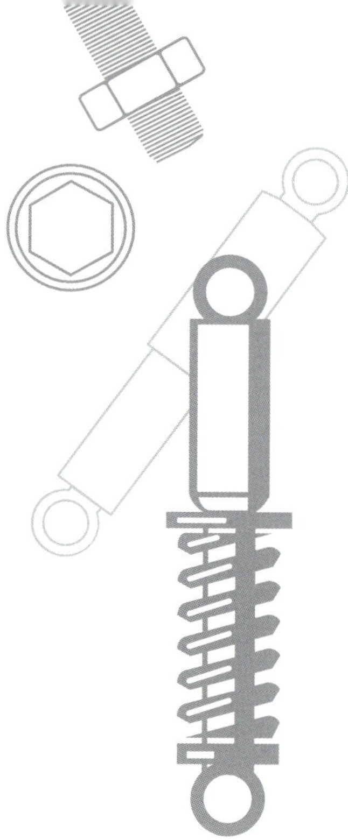

Unter Last

Warum hat ein Dampflokführer ständig alle Hände voll zu tun? Wieso kann ein Unimog, was andere nicht können? Wie kommt ein Dogcart um die Ecke?
Müssen Lasten bewegt werden, sind Experten gefragt. Vor allem, wenn Kutsche und Karre, Diesellok und Seilbagger schon beträchtlich alt sind. Aber dann: In zeitloser Schönheit erscheint das Coupé ...

L. Unt.
01.5.05
Br3
01.5.05

Leise, wendig, abgasfrei

Bünder Zigarrenpaketkarre aus den 1920er-Jahren

Wagen vollgeladen: Uwe Höner schiebt eine Paketkarre durch Bünde Richtung Bahnhof. In der Zigarrenstadt gehörte sie einst zum gewohnten Straßenbild.

Passt bloß auf!" Otto Dustmann ist skeptisch. Der Senior der früheren Bünder Zigarrenfabrik Gerhardt & Dustmann weiß, wovon er spricht. „Bergab immer zu zweit. Einer allein hält die Karre nicht." Die Karre, unser Testfahrzeug, haben wir aus dem Keller gewuchtet und zusammengebaut. Jetzt ist sie mit gut 75 Kilogramm beladen und macht richtig was her. Zwei stattliche Wagenräder rechts und links, rund 40 „Hempelmann"-Tabakpakete auf der Ladefläche, mit einem Seil gesichert. So muss sie ausgesehen haben, die typische Paketkarre, wie sie im Dienste der Tabakverarbeitung in der ostwestfälischen Zigarrenstadt an der Else unterwegs war.

Mit-Tester Uwe Höner wirft sich die Warnweste über, dann wagen wir uns in den Bünder Straßenverkehr. Von der Holser Straße aus geht es zum Bahnhof. Bis vor etwa 50 Jahren war das der gewohnte Gang. Bis nachmittags um fünf brachten die Zigarrenfabriken ihre Warensendungen zur Post oder zum Bahnhof. Große Betriebe nahmen das Pferdefuhrwerk, die kleinen und mittleren die Paketkarre.

Unsere Fuhre rollt gemächlich über die Hauptstraße. Auf dem Weg zur Bahnunterführung zeigt sich, was Gefälle anrichten kann. Mit Macht zieht das Gefährt bergab. Eine Bremse gibt es nicht. Schon rutschen die Schuhsohlen haltlos übers feuchte Pflaster. „Uwe!" Da ist der Bremser gefordert.

Auf der anderen Seite der Gleise legt sich der zweite Mann wieder ins Zeug, weil es jetzt bergan geht. Vor dem Bahnhof rumpeln wir über Kopfsteinpflaster. Hart laufen die Eisenreifen, aber die Ladung bleibt ruhig.

Nabe und Speichen: Wagenräder sollen leicht und stabil sein. Seit 5000 Jahren beschäftigt das Thema die Wagenbauer. Ein bewährter Trick besteht darin, die Räder mit Sturz zu bauen.

Blattfedern schützen die kostbare Fracht: Kein Rütteln, kein Schütteln – auch teuren Zigarren wäre nichts passiert.

Die Zeit des Tabaks begann vor rund 160 Jahren. Das Ravensberger Land steckte in der schlimmsten Wirtschaftskrise. Aus Leineweberfamilien waren bettelarme Hungerleider und Wirtschaftsflüchtlinge geworden. Da brachte die neue Branche frischen Wind. Bis 1900 stieg die Zahl der Tabak verarbeitenden Betriebe auf 156 an. Zusammen mit den Zulieferern – Zigarrenkisten, Kartonagen, Wickelformen – waren mehr als 60 Prozent aller gewerblich Beschäftigten in und um Bünde mehr oder weniger direkt mit der Zigarrenindustrie verbunden.

Kaum eine Familie, in der nicht Zigarren gerollt wurden: in der Fabrik, in der Filiale („Bude") oder in Heimarbeit. „Mein Großvater war bei ELBACO, so bis in die 1970er-Jahre, kann ich mich gut dran erinnern." An Webers Bratwurstbude in der Eschstraße machen wir Pause und hören Kommentare. „Ich war ja bei der Konkurrenz, bei Otto Beckmann", spielt ein älterer Herr auf unsere „Hempelmann"-Pakete an. „Meine Großmutter hat auch Zigarren gerollt, aber zu Hause, in Heimarbeit." Der diensthabende Fußgängerzonenpolizist meint schließlich: „Wirklich ein schönes Bild mit eurer Karre – und ein großes Kapitel Bünder Geschichte."

Diese Geschichte begegnet uns auf der Tour immer wieder: Fabrikantenvillen in der Bahnhofstraße, der Kaiser-Wilhelm-Straße, der Hindenburgstraße. Die Eschstraße war Dreh- und Angelpunkt mit den Hotels für die Rohtabakhändler, den Banken, dem alten Rathaus, den Villen Grüter und Steinmeister, dem Postamt

Gesichert: Massives Eisengestänge hält die Ladung beieinander.

Bergab: Auf Gefällestrecken wird das Gefährt schneller, als gut ist. Bremsen gibt es nicht. Da helfen nur Vorsicht und ein zweiter Mann.

und der Fabrik von Steinmeister & Wellensiek. An den steinernen Zeugen der Vergangenheit wie der Villa Levison schieben wir unsere Paketkarre vorbei. Auf der Hangbaumstraße halten wir den Verkehr auf. Trotzdem winkt der Busfahrer freundlich.

Nach einer Stippvisite beim Tabakmuseum kommen wir zum Denkmal des legendären Zigarrenpioniers und angeblichen Schubkarrenfahrers Töns Wellensiek. Er hatte – der Legende nach – mit einer Schubkarre Tabak von Bremen nach Bünde gerollt. Mit langen Armen ruht er sich vom Tragen aus. Hätte er für seinen Weg von Bremen doch eine Paketkarre genommen! Bei ihr liegt der Schwerpunkt genau über der Achse. Deshalb tragen wir so gut wie nichts, die Karre alles. Sie könnte noch viel mehr Last vertragen – solange der Mensch denn schieben und bremsen kann.

Die zweirädrige Karre war weit verbreitet. Klaglos trug sie Kohlensäcke, Zement und Steine, Schränke und Särge. Sie taugt für alles, was Stückgut ist, zur Not für den kompletten Umzug. Erfunden wurde sie im südlichen Irak vor etwa 5000 Jahren. Die Römer spendierten ihr eiserne Radreifen. Im Mittelalter setzten die Wagenbauer die Speichen leicht schräg in die Nabe ein und bogen das Endstück der Achse etwas abwärts. Seitdem laufen hölzerne Wagenräder „mit Sturz". Beides macht die Räder stabiler und erlaubt Leichtbauweise. Das wusste auch Wilhelm Schwagmeier von der Bünder Klinkstraße. Wahrscheinlich war es der Stellmachermeister, der unsere Karre für Heinrich Hurlbrinks Zigarrenfabrik an der Herforder Straße anfertigte.

Im Lauf der 1950er-Jahre schafften sich die Zigarrenfabriken Lkws an. Seitdem sind die schweren, langsamen, geräuscharmen, wendigen, abgasfreien, langlebigen, ungefährlichen und voll recyclingfähigen Handkarren von der Straße verschwunden und selten geworden. Wenn sie doch noch einmal auftauchen, wundern sich die Leute: „Oh, Weihnachtsgeschenke?"

Technische Daten

Zigarrenpaketkarre („Schott'sche Karre")

Bauzeit:	wahrscheinlich 1920er-Jahre
Hersteller:	vermutlich Stellmacherei Wilhelm Schwagmeier, Bünde, Klinkstraße
Gewicht:	ca. 60 kg
Achse:	schmiedeeisern
Räder:	2 Speichenräder in Holz, eisenbereift, 108 cm Durchmesser; 12 Speichen, 6 Felgensegmente
Blattfedern:	2, vierfach, 90 cm lang
Spurweite:	125 cm
Ladefläche:	Holz, 170 cm lang, 84 cm breit, 75 cm über Straßenniveau, 2 umlaufende eiserne Begrenzungen mit 10 Halterungen
Nutzlast:	mehr als 200 kg

2 Holme mit Griffenden, 81 cm überstehend, Abstand 82 cm

Im Kurpark mit Cleo

Schimmelstute „Cleo" mit einachsigem Dogcart

Feiner Zug: Um Cleo mitzuteilen, wohin es gehen soll, reicht ganz leichtes Ziehen an den Leinen. Gutmütig macht sie sogar, was ein Anfänger will.

Cleo ist eine Schimmelstute, ungarisches Warmblut, schon 15 Jahre alt, also erfahren und stressfest. Mit ihr gehen wir heute auf Testfahrt. Sie zieht einen zweirädrigen Dogcart, eine leichte, 1905 in England gebaute Kutsche. Mit auf dem Bock sitzt Michael Swiezynski. Auf einem Gestüt aufgewachsen, kennt er sich mit Pferden aus und betreut die Vierbeiner im Stall von Bad Seebruch.

Aus dem Kutschensortiment des Hauses im Vlothoer Ortsteil Valdorf haben wir uns etwas Handliches ausgesucht. Als leichter Jagdwagen für den Transport von je vier Hunden und Waidleuten gedacht, taugte der Dogcart auch für die Fahrt zur Kirche oder zum Markt. Zu fahren ist er einspännig oder mit zwei Pferden hintereinander, als Tandem.

Und es geht gleich bergab zur Bäderstraße. Die Zügel, „Leinen" genannt, halten wir mit beiden Händen, rechts zusätzlich die Peitsche. Mit deutlichem Ziehen teilen wir Cleo mit, dass sie sehr langsam die Parkplatzausfahrt heruntergehen soll; es könnten Autos kommen und die halten nicht.

Jetzt geht es die Senkelteichstraße hoch, Cleo läuft schön gerade. Wenn nicht, lässt sie sich mit leichtem Zug „lenken". Zumindest bis der Linienbus kommt. Gut, dass Michael Swiezynski da ist. Er hilft Cleo an dem Ungetüm vorbei.

Rechts ab, am Eingang des Valdorfer Kurparks steht ein Kirschlorbeerstrauch. Cleo reißt sich kräftig Blattzeug ab und kaut. Im spitzen Winkel biegen wir ums Eck, das Gespann stellt seine Wendigkeit unter Beweis.

Strammer Sitz: In die Nabe aus Buchenholz sind 14 Speichen eingepasst. Sie sind aus elastischem Eschenholz gefertigt.

Der Vorteil liegt in der Bauweise mit nur einer Achse. Der Wagen folgt dem Pferd auf dem Fuß, egal wohin. In die Arena zum Beispiel: Als Kampfwagen überzeugte der Einachser nicht nur im Film „Ben Hur", sondern wurde tatsächlich in den Armeen der antiken Reiche eingesetzt. Den Rittern des europäischen Mittelalters hingegen galt das Fahren im Wagen als unmännlich. Wagengespanne wurden lange Zeit fast nur zum Frachttransport eingesetzt. Frühe Funde stammen aus dem Zweistromland und sind rund 6000 Jahre alt. Seit der Erfindung des Rades hat der Wagenbau viele technische Entwicklungen erlebt. Mit dem Drehschemel wurde der vierrädrige Wagen lenkbar. Schleifhöl-

Geschmeidige Fahrt: Der Dogcart passt sich dem Gelände und dem Zugpferd perfekt an. Das liegt an der Länge der Scherbäume aus biegsamem Eschenholz.

zer, Hemmschuhe und Reibklötze zum Bremsen wurden erfunden und wieder abgelöst. Im 18. Jahrhundert waren Fuhrwerke mit immerhin acht Tonnen Ladung unterwegs, gezogen von zwölf Pferden. Mit dem Kummetgeschirr, einer Art Schulterring, und Hufeisen konnten sie kräftig ziehen.

Irgendwann entdeckte der Adel, dass es sich mit schönen Wagen wunderbar repräsentieren ließ. Die Staatskarossen wurden sprichwörtlich, zuerst in Italien, später in Paris. Je mehr Pferde vor dem Wagen liefen, desto höher die gesellschaftliche Stellung des Passagiers.

In England kamen mit der Industrialisierung die Fabrikanten und Kaufleute zu Geld und auf den Geschmack. Die Serienfabrikation begann und mit ihr neue Finessen: eiserne Achsen, selbstschmierende Lager und Federungen. Eine Unzahl von Modellen entstand: Gutschi-Wagen, Kaleschen und Cariolen, Berlinen und Landauer, Chaisen und Cabriolets, Coaches und Phaetons.

Heute ist das Fahren mit Pferd und Wagen ein anspruchsvolles Hobby. Maßstäbe hat ein gewisser Benno von Achenbach gesetzt. Er beobachtete die Pferde genau, verbesserte Anspannungen und Regeln für die Fahrer systematisch und schrieb auf, was sich bewährte.

Im Valdorfer Kurpark haben wir mit Cleo schon die eine oder andere Kurve genommen. Auch das Anhalten und Weiterfahren klappt. Cleo lässt sich nicht anmerken, dass sie sich über den Anfänger auf dem Wagen gelegentlich wundert. Wir wundern uns, wie genau sich das Gespann steuern lässt. Es soll eine Handbreit weiter links laufen – bitte schön, Cleo tut's. Bergauf wird sie eifrig. Es zieht sich im Trab einfach besser.

Wir bewegen uns wieder Richtung Stall. Das macht Cleo flott. Michael Swiezynski muss eingreifen. Ohne ihn wäre die Sache jetzt aus dem Ruder gelaufen. Kommt doch tatsächlich schon wieder der Bus!
Zum Schluss müssen wir durch das Tor, ums Gebäude, durch die Halle und nochmal im Viereck, ohne mit der Radnabe hängen zu bleiben. Danke, Cleo.

Technische Daten

Das Pferd

Ungarisches Warmblut, geboren 2. Mai 1991, seit dem 6. Lebensjahr in Valdorf; Einsatz bei Umzügen, im Turnierfahrsport, vor Ackergeräten und als Reitpferd, 1 Fohlen

Gewicht: ca. 680 kg
Widerristhöhe: 1,68 m
Geschirr: Brustblatt

Der Wagen

Einachsiger Dogcart, gebaut 1905 von Breem & Sons, England, nach Brandschaden restauriert von Victoria Okoniny Polskie, Sliwice, Polen

Breite über Radnaben: 1,57 m
Achse: Bates, Gokey, England
Lager: selbstschmierende Gleitlager
Räder: Buche, Esche, Eiche, 1,30 m Durchmesser, 14 Speichen, Vollgummi-Lauffläche
Spurweite: 1,32 m
Aufbau: Eschenholz
Scherbäume: Esche, 3,40 m lang

Denett-Federung (3-Punkt), 2 Blattfedern längs, 1,20 m lang, 5 Lagen Federstahl, 1 Blattfeder quer, 0,90 m lang, 4 Lagen

Der Alleskönner

Mercedes-Unimog 401 von 1955

Waldarbeiter: Mit nur 25 PS löst der Unimog schwierige Aufgaben. Dicke Stämme aus dem Forst zu ziehen, fällt dem universellen Motorgerät und seinem Besitzer Hartmut Vogt leicht.

Schmal, kurz und nur zwei Meter hoch: Wie er da unter dem Carport steht, wirkt unser grüner Testkandidat fast schon zierlich. Ein Unimog 401, gebaut in der Mitte der 1950er-Jahre, wartet auf eine Ausfahrt. Weil die Sonne lacht, wird das Faltverdeck zurückgeklappt. Nach einer Diesel-Gedenkminute zum Vorglühen springt der Motor an. Die ersten Meter fährt der Eigentümer selbst: Hartmut Vogt vom Dreyener Verein der Alttraktoren- und Landmaschinenfreunde in Enger dirigiert das Gefährt zur ehemaligen Kohlenhandlung Jürging. Hier stehen die Fahrzeuge der Treckerfans in der Halle.

Unterwegs schauen wir genauer hin. Wo im gewöhnlichen Pkw ein Schalthebel sitzt, tummeln sich im Unimog fünf. Der längste Hebel dient dazu, aus sechs Gängen den richtigen auszusuchen. Ein kurzer schaltet von vorwärts auf rückwärts und zurück. Der dritte hilft im Gelände mit Allradantrieb und Differenzialsperren an beiden Achsen. Nummer vier schaltet die Zapfwellen vorn und hinten und die seitliche Riemenscheibe an und aus. Und der fünfte ist gar kein Schalthebel, sondern die Handbremse. Alles klar?

Zwischenstopp fürs Foto. Der Unimog bekommt einen langen Flachriemen auf die Riemenscheibe gelegt. Gegenüber läuft der Riemen über den Antrieb einer Kreissäge. Der Unimog setzt zurück, zieht den Riemen straff – und schon kann die Säge sägen.

So haben sich das seine Konstrukteure Albert Friedrich und Heinrich Rößler gedacht: Ihnen schwebte ein Fahrzeug vor, das im Handumdrehen mithilfe von Zusatzgeräten für alle möglichen Arbeiten einsetzbar sein sollte. Erste Entwürfe stammen aus dem Sommer 1945. Die erste Probefahrt fand im Oktober 1947 bei der Firma Boehringer in Göppingen statt. Gegen die Maschinenfabrik als Teil der deutschen Rüstungswirtschaft war ein Produktionsverbot verhängt worden. Nur Landmaschinen waren erlaubt. Chancen rechnete sich die Firma mit einem Fahrzeug aus, das möglichst alles können sollte: pflügen und eggen, mit Schneidwerk und Mähbinder fahren, Rüben und Kartoffeln roden, Anhänger ziehen, unschlagbar geländegängig sein und gleichzeitig als stationärer Antrieb für Dresch- und Melkmaschinen, Pumpen und Sägen herhalten. Kurzum: Es entstand ein universelles Motorgerät, abgekürzt „Unimog".

Instrumental: Ein Unimogfahrer hat für alles ein Hebelchen und eine Anzeige.

Die ganz und gar ungewöhnliche Konstruktion bewährte sich. Im Februar 1951 übernahm Daimler-Benz die Produktion, weil die Nachfrage die Kapazitäten bei Boehringer weit überstieg. Seitdem tragen Unimogs einen Stern am Kühlergrill.

Unterm Blech schafft ein Vierzylinder-Mercedes-Diesel mit lediglich 25 PS. Die haben ihre liebe Mühe, als es zur Meller Straße den Brink hochgeht. Der Unimog ist zwar kompakt, aber nicht leicht. Für den sechsten Gang ist es zu steil, der Motor dreht fleißig im fünften. Bis dahin hochzuschalten, erfordert ein wenig Einfühlung. Denn das Getriebe ist nicht synchronisiert und folglich spielt jemand die Hauptrolle, der sonst nur ganz unbeachtet mittun darf: der Leerlauf. Er möchte beim Hochschalten zwischendurch eingekuppelt werden. Beim Runterschalten besteht das Getriebe auf einem anständigen Zwischengas. Nimmt der Fahrer diese Ansprüche nicht ernst, kreischt und rattert es so herbe, dass man Schmerzen im Unterschenkel zu spüren glaubt. Unimogfahren heißt schalten.

Die Windschutzscheibe ist runtergeklappt, damit der Fahrtwind auch mal eine Chance hat. Bei 40 km/h auf der Meller Straße zieht es dann auch richtig.

Links ab, wir fahren zum Sieler Holz. Der Blinkerschalter sitzt auf dem Armaturenbrett und stellt sich nicht zurück. Daran muss man denken. An alles andere gewöhnt man sich schnell und gerne. Die Bremse bremst, die Lenkung lenkt, ein wenig indirekt zwar, aber ohne Zicken. Unebenheiten bringen den Mini-Lkw mit dem ultrakurzen Radstand zum Hüpfen.

Stationär: Als vielseitige Maschine macht sich das grüne Kraftpaket auch im Stand nützlich. Beim Sägen zum Beispiel.

Am Sieler Holz schlägt die Stunde der Seilwinde. Rückwärts rollt der Unimog auf ein Paar mitgebrachter Standketten. Rutschfest, wie er ist, zieht er locker einen dicken Buchenstamm durch die Gegend. Das ist die Stärke dieses kleinen Kraftpakets: 25 PS hören sich mickrig an, werden aber überlegen eingesetzt. In der Forstwirtschaft hat der Unimog deshalb Karriere gemacht. Mit der Winde zieht er Bäume aus dem Wald und lädt sie auf den Anhänger. Mit Allradantrieb kann er zwei schwer beladene Anhänger ziehen und mithilfe des Druckluftgeräts auch zuverlässig bremsen. Ein Alleskönner eben. Die Liste der Einsatzarten des Unimogs ist lang: Sattelschlepper-Zugmaschine, Feuerwehrauto, Schneeräumer, Abschlepper, Expeditionsfahrzeug. Tunnelbauer und die Eisenbahn setzen ihn ein, das Militär und die Post. Er fährt auf Werften und im Steinbruch, als Ambulanz und bei der Müllabfuhr, bei der Brauerei und im Rallyesport.

An PS hat der Unimog im Laufe seiner mehr als 50 Jahre dauernden Produktionszeit deutlich zugelegt. In zwei Baureihen wird er bei Daimler-Benz in Gaggenau am Nordschwarzwald montiert. Mitte der 1950er-Jahre kostete er in der Grundausstattung etwa 13 000 DM. Für kleine landwirtschaftliche Betriebe war das trotz der Lebenserwartung von 20 Jahren ein stolzer Preis. Vielerorts haben ihn nur Bauern eingesetzt, die besondere Transportaufgaben zu bewältigen hatten, zum Beispiel, um Rüben zur Zuckerfabrik zu fahren. Die meisten hielten mehr von „richtigen" Bulldogs oder Deutz mit großen Hinterrädern.

Beim Traktorenclub in Dreyen darf der kleine grüne Unimog trotz seiner 50 Jahre noch richtig ran. Den großen Dreschkasten anzutreiben, fällt ihm nicht schwer. Auch Holz holen für den Kamin ist eine leichte Übung. Nur Reparaturen sind eine Sache für sich. Eng und kompliziert gebaut, lässt er beim Dorfschmied den Wunsch nach zusätzlichen Gelenken in Unterarm und Fingern entstehen.

Wir rollen zurück nach Westerenger. Das Schalten geht schon besser. Respektvoll weichen Autofahrer aus, Fußgänger bleiben stehen, Kinder halten den Ball fest. Die Sonne lacht, Cabrio fahren macht Spaß.

Technische Daten

Mercedes-Benz Unimog 401

Baujahr: 1955

Motor: 4-Zylinder-Vorkammer-Diesel OM 636 II, 1,8 l Hubraum, 25 PS

Getriebe: 6 Gänge vorwärts, 2 rückwärts

Antrieb: Allrad, Portalachsen, Differenzialsperren

Fußbremse: hydraulisch

Eigengewicht: 1780 kg, zuzüglich Seilwinde und Kipper

Höchstgeschwindigkeit: ca. 45 km/h

Verbrauch: nicht ermittelt (H. Vogt: „Wenn er leer ist, tanke ich.")

Laster in Freilandhaltung

Hanomag Henschel F 76 Schnelllaster von 1970

Aus dem Ei gepellt: Dietmar Freeses Schnelllaster „Zenzi" sieht man das jahrzehntelange Berufsleben nicht an.

Es war zu der Zeit, als Lastwagen für gewöhnlich „Bärbel" oder „Rita" hießen. Ein nagelneuer F 76 Schnelllaster von Hanomag rollte auf den Hof des Naturstein-Betriebs von Karl-Heinz Freese in Westerenger. Bei der Suche nach einem richtigen Namen half die Familienbibel. Seitdem heißt der hellgrüne Lastenträger „Zenzi". Weil „Zenzi" seit 40 Jahren artgerechter Freilandhaltung noch immer gut beieinander ist, drehen wir eine Runde durch Spenge und um Spenge herum. Hier kennt sie sich gut aus.

Vor dem Start kommt Zenzis Spezialübung. Dietmar Freese, der den väterlichen Betrieb samt grünem Schnelllaster vor 18 Jahren übernommen hat, lädt ab. Drei Kunststeinplatten, jede rund 300 Kilogramm schwer, hievt der hinter dem Fahrerhaus montierte Meiller-Kran in den Lagerständer. Sieben Hebel dienen der Steuerung. Mit dem Apparat wird bei Bedarf alles Mögliche auf- und abgeladen und zum Beispiel die gewichtige Granit-Arbeitsplatte für die neue Einbauküche über den Balkon in den ersten Stock geschwenkt. Unbeladen geht es auf Tour. Auf Bodenwellen reagiert die Vorderachse unnachgiebig. Wenn Zenzi mit drei Tonnen Naturstein beladen ist, sieht das anders aus. „Dann fährt sie wie ein Tanker", sagt Dietmar Freese. Beim Einbiegen auf die Westerenger Straße verlangt die Lenkung fleißiges Kurbeln. Eine Servolenkung gibt es nicht, dafür eine kürzere Übersetzung. So geht es locker um die Kurve. Überhaupt finden wir uns am Steuer gut zurecht. Instrumente, Schalter und Hebel geben keine Rätsel auf; alles wirkt aufgeräumt und modern.

So hatten sich das die Konstrukteure bei Hanomag Mitte der 1960er-Jahre gedacht. Strahlten die Vorgängertypen mit Namen wie „Kurier", „Markant" oder „Garant" ganz den Charme der Fünfziger Jahre aus, sollte die neue Reihe der sogenannten Schnelllaster sicherer, komfortabler und kräftiger werden und dazu das moderne Flair kühler Sachlichkeit verströmen. Louis Lepoix, freischaffender Formgestalter aus Baden-Baden, war seinerzeit erste Wahl, wenn es um mutiges Design für Motorräder, Lokomotiven oder Lkws ging. Er zeichnete ein Fahrerhaus, dessen Stil seiner Zeit weit voraus war: klare Linien statt Ornamentik und eine hohe Funktionalität. Für Jahrzehnte war die Handschrift für leichte Lkws und Transporter gefunden. Die

Klare Verhältnisse: Anzeigen und Bedienelemente sind betont nüchtern. Schmuck aller Art fehlt.

Bezeichnung sollte dazu passen: Ein schlichtes „F" mit Zahl, aus der Eingeweihte das Gesamtgewicht und die Zylinderzahl des Motors ablesen. Demnach darf unser „F 76" 7,5 Tonnen wiegen und fährt mit einem Sechszylindermotor – und wie.
Wir fahren im zweiten Gang an, der dritte tut's auch. Schalten bitte mit Zwischengas. Auf gerader Strecke brummt der Diesel sinnig vor sich hin. Vibrationen sind ihm fremd. Beim Abbiegen in die Mühlenburger Straße sagt Dietmar Freese: „Einfach weiter." Im fünften Gang geht es ums Eck und ruckfrei wieder auf Tempo, ein Auto für Schaltfaule. Nicht traurig sein, liebe Freunde des Turbo-Diesels, das hier ist eine Schau von einem Motor. Wie er aus dem vollen Hubraum der sechs Töpfe seine Kraft schöpft und dabei die Harmonie bewahrt – sechs Freunde singen a capella.
Auf dem Weg durch Spenge kennt der Lkw jeden Weg. Kanten- und Rinnsteine, Treppen, Arbeitsplatten und Fußböden, Denkmäler und Kamine: Was immer Freeses 4-Mann-Betrieb holte oder brachte, kam auf dem Schnelllaster zur Baustelle. Wenn eine Natursteintreppe ersetzt werden soll, kann es sein, dass der Lkw schon den Vorgänger auf der Ladefläche hatte. Zur Lebensdauer unseres Testfahrzeugs trug neben der Qualitätsarbeit von Hanomag Freeses Pflege bei. Regelmäßig wird gewaschen, abgeschmiert und grundgereinigt einschließlich Federn fetten und Lackschäden ausbessern. Unfälle sind ihm erspart geblieben.
Zwei Kreisverkehre wollen durchfahren werden. Den ersten nehmen wir lässig im vierten Gang, beim

Spezialübung: Der hydraulische Kran lädt eine Kunststeinplatte ab. Wenn nötig, reicht er hoch bis in den ersten Stock.

zweiten ruckt es und der Motor steht. Verschaltet. Entschuldigung, starten wir noch mal neu.
Georg Egestorff ging 1835 in Linden bei Hannover mit seiner „Eisen-Giesserey" an den Start. Groß wurde die ab 1871 „Hannoversche Maschinenbau AG" genannte Firma mit Dampfloks. Folglich hatte der erste Lkw von 1905 noch Dampfantrieb. Den Anfang bei Lkws in Deutschland hatten Gottlieb Daimler und Wilhelm Maybach 1896 mit einem Benzinmotor gemacht. Bis zum Ersten Weltkrieg war alles Wesentliche erfunden: Mehrzylinderdieselmotor, Anlasser, Luftreifen, Einzelradaufhängung und Ganzstahlkarosserie. Trotzdem blieben Fuhrleute aus Kostengründen lieber bei Pferd und Wagen. Die Produktionszahlen stiegen erst dann auf 2000 Stück pro Jahr an, als die Heeresverwaltung 4000 Reichsmark Subvention für jeden neuen Lkw bot. Die Militärs wussten, wofür sie Laster brauchten.
Als 1945 alles in Schutt und Asche lag, waren Lastwagen gefragt wie nie. Neue Hersteller, größere Fahrzeuge, höhere Stückzahlen: Die 1950er-Jahre waren eine Boomzeit der Motorisierung. Deutschlands Fahrzeugindustrie wurde Exportweltmeister. Hanomag war mit Schleppern, Baumaschinen und Lkws groß im Geschäft. Weil die Kapazitäten in Hannover nicht reichten, verlagerte Hanomag die Lkw-Produktion nach Bremen und Hamburg. Die Werke von Borgward und Tempo wurden übernommen.
Später krempelte eine Welle von Pleiten und Fusionen den Markt um. Nur MAN und Mercedes blieben übrig. Hanomag kam zusammen mit der Kasseler Firma Henschel zunächst zum Rheinstahl-Konzern, dann zu Daimler-Benz. Aus dieser Zeit der Fusion stammt unser Testobjekt: Auf der Haube trägt es das Fusionslogo „Hanomag Henschel". Der stellte die F-Reihe 1973 größtenteils ein. Das wurmt echte Hanomag-Freunde. Sie wissen, dass alles an einem Hanomag besser ist als an einer Kiste mit Stern.
Die Bremse zum Beispiel. Dietmar Freese zeigt, was „Zenzi" hergibt, wenn es mal eilig ist. Beschleunigung, Wendigkeit, Bremsweg – solch eine Wuchtbrumme gibt man nicht ab. Schon gar nicht nach 40 Jahren.

Technische Daten

Hanomag Henschel F 76

Baujahr:	1970
Kilometerstand:	487 600
Motor:	Hanomag Typ D 161 L, 6 Zylinder, 4253 cm^3, Wirbelkammer-Diesel, 100 PS bei 3400 U/min, wassergekühlt
Bremse:	hydraulisch, druckluftverstärkt, 4 Trommeln
Kipper:	Meiller, hydraulisch, 3-seitig; Zuladung 3 t
Kran:	Meiller, hydraulisch, größte Höhe 8,80 m
Verbrauch:	nicht ermittelt („Er kriegt, was er braucht.")

Sonntags im Preußenzug

Dampflok „Hannover 7512" von 1908

Mindener Museumsbahn: Die preußische T 11-Dampflok zieht ihre Waggons bergauf nach Kleinenbremen, in mäßigem Tempo. Es ist schließlich Sonntag.

Um 8.30 Uhr sind die Tanks voll. Das Wasser läuft über und pladdert an der Lok herunter. „Hannover 7512", die Dampflok der Mindener Museumseisenbahn vom Typ T 11, kann so nass nicht auf Strecke gehen. Vor der Abfahrt, planmäßig 10.15 Uhr ab Bahnhof Minden-Oberstadt, legt Angelika Röttger die Lok trocken. Die Heizerin in Ausbildung verteidigt mit Lappen und Öl den blanken Stahl der 100 Jahre alten Maschine im immerwährenden Kampf gegen den Rost.
Normalerweise beginnt die Arbeit um 4.30 Uhr. Weil die Maschine vom Vorabend noch warm ist, hat sich die Mannschaft bis 7 Uhr Zeit gelassen. Seither versorgt sie die Lok mit 2,5 Tonnen Kohle und gut 7000 Litern Wasser. Das Feuer braucht lange für brauchbaren Druck. Anderthalb Stunden lang schmiert Angelika Röttger Lager für Lager ab. Die gelernte Maschinenbauerin sagt: „Man muss wissen, was man tut."
Lokführer Wilfried Wellpott und Heizer Martin Kohnen wissen es. Sie rufen sich unverständliche Worte zu, ziehen an Hebeln, drehen an Kurbeln und unter Zischen, Pfeifen und Gepuff zuckelt die Lok mit ihrem 80 Meter langen Zug los.

Blick voraus: Durch dieses Fensterchen beobachtet der Lokführer die vor dem Zug liegende Strecke. Will er mehr sehen, muss er den Kopf aus dem Seitenfenster strecken.

Alles im Griff: Lokführer Wilfried Wellpott an seinem Arbeitsplatz.

Höllenfeuer: Die Kraft der Lok kommt von der Hitze des Kohlenbrands.

Pflegedienst: Maschinenbauerin Angelika Röttger trocknet den Stahl und schmiert Lager ab – eins nach dem anderen.

Zwischenstopp: Vor dem Anstieg werden ordentlich Kohlen geschippt. Es qualmt pechschwarz.

Wir dürfen mit. Wir dürfen nur nicht im Weg stehen. Zwischen Lokführer rechts und Heizer links steht der Tester mittig vor der Feuerklappe und dem Hebel fürs Hauptventil, also abwechselnd dem einen oder dem anderen im Weg. Ständig passiert irgendwas. „Peng", Klappe auf, Kohle reingeschüppt, Steuerkurbel verstellt, Ventil geöffnet und wieder geschlossen, Wasserpumpe links, Wasserpumpe rechts auf und wieder zu, Bremshebel geschwenkt, zweimal gepfiffen, noch drei bis fünf Schüppen, „peng", Klappe wieder zu – da sind Fachleute am Werk. Schaukelnd, rumpelnd, zischend und schnaufend überquert der Zug die Weser. Am Waldrand kommt der erste Halt.

Wir fahren nach Kleinenbremen. Die Strecke diente in erster Linie dem Transport von Erzgestein aus dem Wesergebirge. Möglich wurde sie durch das preußische „Gesetz über Kleinbahnen und Privatbahnen" von 1892, ein im wahrsten Sinne bahnbrechendes Werk. Bis zum ersten Weltkrieg wurden über 300 neue Strecken angelegt, darunter die Wallückebahn von Kirchlengern zum Wiehengebirge, die Herforder und die Bielefelder Kleinbahnen. Wie in Herford, so gründete auch der Kreis Minden eine eigene Kleinbahngesellschaft. Er legte vier Strecken an, als letzte die nach Kleinenbremen 1921. Anfangs mit Gleisen in einer Spurweite von einem Meter ausgestattet, wurden sie nach und nach auf Normalspur umgerüstet. Als Busse den Personenverkehr übernommen hatten, blieben die Gleise für den Gütertransport erhalten. Deshalb kann der Museumszug am Wochenende so schön ausfahren.

Die Heizer Angelika Röttger und Martin Kohnen haben ordentlich Kohle geschaufelt. Vor Wülpke geht es bergauf. Die Lok braucht viel Dampf. Aus dem Schornstein qualmt es fett, das Wesergebirge ist nicht mehr zu sehen. Der Kesseldruck erreicht volle zwölf Bar, die Lok legt sich ins Zeug. Der Qualm wird heller, das Höllenfeuer erreicht seine höchste Glut. So ist der Job der Heizer: Sie behalten Strecke, Qualm und Feuer im Auge und füttern den Kessel mit Kohle, mit Wasser, mit beidem und wieder mit Kohle.

Rangierdienst: Im Bahnhof Minden-Oberstadt wird der Preußenzug zusammengestellt. Schließlich ist er 80 m lang. Die Vorbereitungen dauern Stunden.

Brennstoff: 2,5 Tonnen Fettkohle hat die T 11 dabei. Heizer Martin Kohnen und Lokhelfer Marcel Berg schaufeln. Der Vorrat reicht für höchstens 150 km.

Erst nach fünf Jahren Dienst mit der Kohlenschüppe kann der Heizer eine Lokführerausbildung starten. Der Lokführer ist der Chef. Er steuert den Dampfstrom und damit die ganze Lok, die gerade das steilste Stück in Angriff nimmt.
Beim Besucherbergwerk in Kleinenbremen steigen die Fahrgäste aus, die Lok kommt ans andere Ende des Zugs. Nach Minden fährt sie rückwärts. Wir wollen uns nützlich machen und dürfen die Dampfpfeife betätigen. Zweimal vor jedem Straßenübergang, immer drei Sekunden lang „hiuuuuiuuitt!" So klang vor Jahren die Zechenbahn, die der Tester noch gut im Ohr hat.
Mit enormen 30 km/h rollt der Zug bergab. Das schaukelt mächtig, Wasserflaschen fallen um. Dabei kann die Lok Tempo 80. 1908 in Königsberg gebaut, war die Berliner Stadtbahn ihr Revier. 470 Loks des Preußischen Typs T 11 wurden gebaut, zwei sind erhalten. Eine T 11 fährt heute in Polen.
Unsere Lok kam 1925 zur Reichsbahn. Nach ihrer Zeit bei der Deutschen Reichsbahn der DDR lief sie bei der Erfurter Industriebahn, um 1974 in Arnstadt als Denkmal auf einem Sockel zu landen. Von diesem Schicksal befreiten sie die Mindener, beschafften aus Meiningen einen neuen Kessel und nennen seitdem einen kompletten „Preußenzug" ihr Eigen.
Wieder im Heimatbahnhof werden für die Sonntagnachmittagstour Wagen angehängt, das Feuerross bekommt frisches Wasser. Es ist ein Hin und Her auf den Gleisen, über allem ein heiterer Himmel. Aus diesem spricht plötzlich der Lokführer: „Wollnse ma fahn?"

Manometer: Welche Drücke im Schieberkasten oder im Bremszylinder herrschen, soll kein Geheimnis sein. Der Lokführer hat alles im Blick.

Technische Daten

Dampflok Preußische T 11, Nr. 74 231

Bauart:	1'C n2t
Baujahr:	1908
Hersteller:	Union Gießerei Königsberg
Länge über Puffer:	11 190 mm
Dienstmasse:	62,3 t
Reibungsmasse:	47,4 t
Leistung:	650 PS
Höchstgeschwindigkeit:	80 km/h
Treibraddurchmesser:	1500 mm
Steuerungsart:	Heusinger, außen
Zylinder:	480 mm Durchmesser, 630 mm Hub
Kesselüberdruck:	12 bar
Wasservorrat:	7,4 m^3
Brennstoffvorrat:	2,5 t Kohle

Die Waggonschubserin

Rangierlok „KöF Nr. 10" von 1946

Baujahr 1946: Kleinlokomotiven wie die KöF II Nr. 10 waren auf Hunderten von Bahnhöfen in Europa als Dauerläufer im Einsatz. Zum Beispiel in Herford. Der Lokführer trägt eine original Herforder Kleinbahnerjacke, die Mütze gehört zur Bielefelder Kleinbahn.

Das kennen wir doch: Zündschlüssel rein und rumgedreht, eine Minute Vorglühen, Starthebel schwenken – und der Diesel macht Rabatz wie in einem alten Lkw. Aber damit hören die Ähnlichkeiten schon auf.

Was sich da geräuschvoll warmläuft, ist eine Rangierlok. Eisenbahner nennen sie „KöF", was so viel heißt wie Kleinlok mit Dieselölmotor und Flüssigkeitsgetriebe. Als erstes Fahrzeug bewohnt sie die neue Halle des Kleinbahnmuseums in Enger. Auf dem Gelände des früheren Bahnhofs der Herforder Kleinbahn liegen seit Kurzem wieder Gleise. Noch ist vieles in Arbeit, aber eine Strecke von knapp 40 Metern Schienenweg kann befahren werden. So kommt „KöF" heute zu einer kleinen Ausfahrt.

Matthias Rasche gibt Gas. Dazu dreht der Kleinbahnspezialist an einer Art Lenkrad. Das Motorgetöse schwillt an, Scheiben scheppern, die Lok rollt los. Bald sind wir durch das Hallentor hindurch, rechts fließt der Bolldammbach. Sekunden später dreht unser Lokführer das Lenkrad zurück, stellt sich auf ein eindrucksvolles Bremspedal. Endstation.

Viel mehr muss eine solche Lok nicht können. In den 1930er-Jahren schafften sich die europäischen Bahnen kleine, leichte Loks für den Rangierdienst an. Die schweren Güterzugloks sollten sich auf der Durchreise nicht mit dem lästigen Hin und Her der Wagen an den Bahnhöfen aufhalten. Zuvor hatten sich kleine Diesel-loks vornehmlich bei Feldbahnen und in Bergwerken getummelt.

Unsere Maschine kam 1946 für 37 500 Reichsmark von Klöckner-Humboldt-Deutz in Köln nach Herford. Der Kleinbahnhof war ihr Revier. Sie holte Güterwaggons von der Staatsbahn. Wie die Lok waren sie mit Fahrgestellen in der Regelspurweite von 1435 mm ausgerüstet. Damit sie auf der schmaleren Kleinbahn-

Steuerung: Was aussieht wie ein Lenkrad, ist der Fahrschalter. Dreht man ein wenig, rollt die Lok los.

Experten: Matthias Rasche (links) und Wilhelm Sunderbrink kennen sich mit der Geschichte der Kleinbahnen in Ostwestfalen aus.

strecke (Spur: 1 Meter) fahren konnten, bekamen sie auf zwei Spezialgleisen sogenannte Rollböcke untergeschnallt. Im Schlepp der schmalspurigen Kleinbahnloks ging es weiter, etwa zur Papierfabrik van Deylen in Valdorf, zur Margarinefabrik nach Lippinghausen oder zum Sägewerk Oldemeier in Spenge. Oder wenn man es nüchtern-systematisch betrachtet: Die „Köf" war nichts weniger als die Schnittstelle der regionalen Bahnlogistik.

Auf der Rückfahrt steuern wir selbst. Ein stattlicher Hebel für die Fahrtrichtung will mit Kraft umgelegt werden. Dann wie gehabt: Lenkrad drehen – „Fahrschalter heißt das!" – Getöse kommt, Lok rollt, das Hallentor zieht vorbei, auf die Bremse gestiegen, Ende. So einfach? Noch mal. Hebel rum, Lenk-, nein Fahrschalter drehen und rollen lassen bis das Gleis zu Ende ist. Das kann ja jeder.

„Schwierig ist was anderes", meint auch Wilhelm Sunderbrink. Der Bahner im Ruhestand hat es von der Gleisbaurotte bis zum Fahrdienstleiter in Bielefeld gebracht und kennt sich aus. „Wer Kleinlokführer werden wollte, musste drei Wochen zur Einweisung in die Werkstatt nach Osnabrück, am Dienstort die Vorschriften zu Signalen und Geschwindigkeiten lernen und zwei Prüfungen machen. Das war's." Schon hatte der Rangierer ein Dach über dem Kopf, brauchte nicht mehr so viel zu laufen und zwischen die Wagen zu kriechen wie seine Kollegen ohne Lok.

Dampflokführer dagegen brauchten mindestens zehn Jahre, bis sie sich zur ersten Personenzuglok hochgedient hatten. Während die altertümlichen Dampfloks mit ihrem Gepuff noch den Ton angaben, war die „KöF" ein topmodernes Gerät. Ihr Geheimnis: Das Getriebe kommt ohne Zahnräder aus. Ein Pumpenrad und ein Turbinenrad drehen sich in einem ölgefüllten Gehäuse, berührungslos. Das Öl überträgt die Kraft. Ruckfrei, ohne Kuppeln und Schalten legt sich die Lok mit ihren 107 PS ins Zeug. Im geschmeidigen Anfahren liegt ihre Stärke. Für Temperamentsausbrüche ist sie nicht gebaut, bei 30 km/h ist Schluss. Am Ende muss sie ihre Waggons noch sicher zum Stehen bringen. Sind es mehr als drei, stellt sich ein zweiter Rangierer auf die Bremse.
Als 1966 das Aus für die Kleinbahn kam, blieb unsere Lok, wo sie war. Sie wechselte nur den Arbeitgeber und verschob Waggons bei rotem Blinklicht schräg über die Bünder Straße zur SULO-Fabrik. Die letzten Berufsjahre schaffte sie bei Fulda. Hermann Flachmann und seine Kleinbahnfreunde holten sie ins Museum nach Enger. Dort, am Bolldammbach, macht der Schienen-Diesel nun regelmäßig Rabatz.

Fußbremse: Das Pedal rastet zwischen den Zähnen ein.

Technische Daten

	KHD KöF II, Betriebsnr. 10
Hersteller:	Klöckner-Humboldt-Deutz AG Köln, Nr. 47 385
Baujahr:	1946
Achsformel:	B
Länge über Puffer:	6450 mm
Gewicht:	16 t
Spur:	Normal (1435 mm)
Motor:	KHD-Diesel A6M517 R, 6 Zylinder, 107 PS, wassergekühlt
Getriebe:	hydraulisch
Anfahrzugkraft:	39,2 kN
Höchstgeschwindigkeit:	30 km/h
Bremse:	mechanisch über Pedal

Baggern mit dem Pionier

Seilbagger Weserhütte Pionier W 3 von 1961

Seilbagger: Anheben und absenken, öffnen und schließen des Löffels geschieht mit Drahtseilen. Bagger dieses Typs waren vor 40 Jahren auf vielen Baustellen zu Hause.

Einweisen: Sebastian Beyer (oben) erklärt, wie der Bagger baggert.

Jetzt mal eins nach dem anderen: Wenn der lange Hebel rechts für das Schwenken links- und rechtsrum und das Schließen der Schaufel zuständig ist, steuert dann der Hebel links das Anheben der Schaufel? Die zwei Pedale da unten – welches bremst jetzt welche Seiltrommel? Ah ja, erst die Feststellhebel lösen. Was war mit dem Beruhigungsseil und was macht der Hebel in der Mitte? Wer kann sich das alles merken? Sebastian Beyer kennt sich aus und versucht zu helfen. Doch gegen den Motorlärm anzuschreien, ist sinnlos. Wir müssen es einfach probieren. Wir sitzen im „Pionier W 3", einem zierlichen blauen Bagger. An seiner Rückfront steht „Weserhütte". Auf dem Gelände des Ziegeleimuseums im lippischen Lage-Sylbach verbringt er seinen Ruhestand. Gelegentlich baggert er bei Aktionstagen für Freunde historischer Baumaschinen. Für seine 46 Jahre erstaunlich gut erhalten, darf er heute mal wieder ran.

Ein Haufen Erde soll möglichst gleichmäßig verteilt werden. Durch vorsichtiges Heben des rechten Bremspedals öffnet sich die Schaufel, die bei Baggern „Löffel" heißt. Wir lockern den Tritt aufs linke Pedal, der Löffel senkt sich und schon ist es passiert: Jetzt liegt ein Seil in mehreren Windungen lose herum. Das ist schlecht. Die Seile eines Seilbaggers müssen sorgsam gewickelt werden und deshalb immer stramm sein. Wir hätten rechtzeitig bremsen sollen. Den Baggerfahreranfänger erkennt man am Schlappseil.

Das wickelt Sebastian Beyer wieder auf und zeigt noch mal, wie es richtig geht mit Hebelei und Pedalerie. Vorher sehen wir uns das Gerät genauer an. Außen herum besteht der Bagger aus einem Gehäuse aus Stahlblech, je eine Schiebetür auf jeder Seite. Durch die erste gelangt man auf den Sitz, durch die andere an den Motor. Der macht mit seinen gerade mal 28 PS und Kühlgebläse richtigen Lärm. Von Dämmungen völlig unbeeinträchtigt können sich Motor-, Getriebe- und Kupplungsgeräusche samt Vibrationen völlig frei entfalten. Im Zeitalter der Geräuschminderung gebärdet sich der große Blechkasten wie ein Schutzgebiet für ursprünglichen Maschinenkrach. Der Baggerführer sitzt mitten drin und bekommt die volle Dröhnung ab. Weil sich Sebastian Beyer im Hauptberuf mit Klavieren beschäftigt und seine Ohren dafür noch braucht, trägt er Gehörschutz.

Der blaue Bagger mit all seinen Seiltrommeln und Bandbremsen, Keilriemen und Zahnrädern stammt aus der Weserhütte in Bad Oeynhausen. Die „Hüttjer" stellten seit der Firmengründung 1844 Eisenteile für Herde und landwirtschaftliche Maschinen her, später vor allem Gittermasten für elektrische Freileitungen und Stahlteile für Eisenbahnbrücken. 1908 bauten sie ihren ersten Bagger zusammen, den „L 8". Das Ungetüm hatte Dampfantrieb, wog rund 30 Tonnen und fuhr auf Schienen. Für den Betrieb waren zehn Leute erforderlich und 120 Kilo Kohle pro Stunde. Eine Maschine ersetzte die Arbeitskraft von rund 180 Menschen – weshalb sich der Aufwand lohnte. Als in den 1930er-Jahren die kompakten Verbrennungsmotoren zur Verfügung standen, setzten sich die Bagger endgültig

Steuern: Hebel und Pedale für links und rechts schwenken, Löffel auf und zu, hoch und runter. Hände und Füße haben gut zu tun.

Trommel: Die ganze Aufmerksamkeit des Baggerführers gehört den Seilen. Von ihnen hängt alles ab. Sie müssen säuberlich gewickelt und unter Spannung sein.

durch. Begonnen hatte die maschinelle Bewegung von Steinen und Erden mit dem Amerikaner Otis, der 1832 den Ur-Bagger erfand.
Vor und während des Zweiten Weltkriegs bestimmten Rüstungsproduktion und Zwangsarbeit das Leben auf der Weserhütte, danach lag alles in Schutt und Asche. In der Zeit des Wiederaufbaus waren Seilbagger das Erfolgsprodukt schlechthin. In die halbe Welt wurde exportiert. Die Belegschaft wuchs auf 2400 Leute. Bagger in jeder Größe und für jeden Zweck entstanden an der Werre, meist fünf oder sechs gleichzeitig. Die größte Stückzahl erreichte der kleinste, der „Pionier W 3". Mit weniger als 10 Tonnen Gewicht war er gut auf dem Tieflader zu transportieren und genau richtig für kleine Baustellen.
Unser blauer Bagger hat sein Berufsleben bei der Baufirma Mönnich in Bielefeld abgeleistet, wo ihn Friedhelm Mönnich bis 2004 zum Aufladen von Sand und Schutt gebraucht und gut in Schuss gehalten hat. Leiser, stärker, schneller und einfacher zu bedienen sind die modernen Hydraulikbagger. Sie liefen den Seilbaggern gegen Ende der 1960er-Jahre den Rang ab. Die Weserhütte konnte den Erfolg der frühen Baggergenerationen nicht wiederholen. Sie hatte ihren Schwerpunkt ohnehin auf Tagebau-Förderanlagen verlegt. Damit geriet sie in wirtschaftliche Schwierigkeiten, stellte nach langen Konflikten 1987 die Produktion ein und die Region hatte einen prägenden Industriebetrieb weniger. 1996 begann der Abriss der Hütte, an deren Stelle heute das Einkaufszentrum „Werrepark" steht.

Inzwischen haben wir den Bogen einigermaßen heraus. Die Kunst besteht im richtigen Bremsen der Seiltrommeln. Baggern mit dem Pionier: Es geht langsam, aber es geht. Der Erdhaufen ist geschrumpft, genug für heute. Am Ende schlägt die Stunde des Fahrwerks. Kettenglied für Kettenglied arbeitet sich der Pionier voran, manscht hier und da ein bisschen im Lehm und schafft 15 Meter pro Minute über die Wiese. Es klackern die Ketten, es tost im Gehäuse, dann steht der Diesel still. Bis wir den Wind wieder hören, vergeht eine Weile.

Technische Daten

Weserhütte Pionier W 3, Nr: 12311

Baujahr:	1961
Gesamtgewicht:	8,2 t
Motor:	2 Zyl. Diesel „Deutz A2L 514", 28 PS, 1500 U/min
Fahrwerk:	2 Raupenketten mit je 2 Pendelrollenlaufwerken
Fahrgeschwindigkeit:	1,4 km/h
Max. Auslegerlänge:	9,50 m
Schwenkgeschwindigkeit:	6,2 U/min
Steigfähigkeit:	25 %
Greiferlöffel:	0,3 m^3 Inhalt, 0,5 t Gewicht
Breite Oberwagen:	2,20 m
Länge Unterwagen:	2,65 m
Neupreis:	39 750 DM

Es geht nach Schönheit

Auto Union 1000 Sp Coupé von 1963

Lieben und geliebt werden: Die Mädchen vom Gymnasium Marianum Warburg (Klasse 8a) unterbrechen den Bio-Unterricht auf Gut Bustedt in Hiddenhausen.

Welch ein Auftritt. Kaum rollt unser Testwagen aufs Bustedter Burggelände, erregt er gehöriges Aufsehen unter Zivis, Schülerinnen und Lehrpersonen. Gestandene Biologen, sonst Singvögeln und Fledermäusen zugetan, können ihre Bewunderung nicht verbergen. Mit seiner lang gestreckten Silhouette, der rasanten Lufthutze auf der Haube und der gebogenen Panoramascheibe macht der Wagen richtig was her. Und diese Haifischflossen erst! Wie die Ami-Schlitten zur Elvis-Zeit – todschick.

Wir sind mit einem „Auto Union 1000 Sp" unterwegs. Vorgestellt wurde das extravagante Coupé 1957. Die Karosserie dengelten die Spezialisten der Firma Baur in Stuttgart zusammen, in Ingolstadt vollzog sich die Endmontage.

Unser Modell stammt von 1963. Nach einer gründlichen Restaurierung läuft es seit Jahren zuverlässig im Alltag. Alles ist original – pardon: fast alles. Nur die Sitzbezüge gab es neu und das Dach wechselte von dunklem Grün zu schniekem Rot.

Wir starten zu einer kleinen Burgen-Rundfahrt. Es geht über Eilshausen und den Schweichler Berg. Vor uns zuckelt ein Radlader, hinter uns eine Schlange. Der Blinkerhebel sitzt rechts, die Schaltung hinterm Lenkrad. Als der Gegenverkehr eine Lücke lässt, holen wir tief Luft. Etwas zäh zieht der Motor los. Dabei jault er leicht. Zum Glück ist ein Radlader kein ernsthafter Gegner und wir atmen wieder aus.

Erster Halt in Oberbehme. Wir werfen einen Blick ins Innere des alten Gutshofs am Hang über der Werre.

Vor der Weiterfahrt sollte der Motor wieder anspringen. Der Anlasser dreht ausdauernd, aber das Maschinchen will nicht. „Soll ich den Schmied holen?", bekommen wir freundlich Hilfe angeboten, „der kann alles." Der Motor versteht das richtig und geht lieber freiwillig an die Arbeit. Es riecht streng nach Abgas.

Auf der Fahrt zur Ulenburg zeigt er, was er kann und stürmt mit guten 80 km/h den Hüller hinauf. Seine 55 PS holt er mittels Zweitakt-Verfahren aus drei Zylindern und knapp 1000 Kubikzentimtern. Er will

American Style: Rücklicht, Stoßstangenhorn und Haifischflosse gehören zu einem 1960er-Jahre-Coupé.

Flach und schlank: Der US-Ford Thunderbird war Vorbild für die Stuttgarter Karosserieschneider der Firma Baur.

von Mercedes-Benz und 1964 von VW übernommen.

In der Wirtschaftswunderzeit setzte sich mit steigendem Wohlstand der aufwendigere Viertaktmotor im Autobau durch. Laute, stinkende Zweitakter mochten die Kunden nicht mehr. Eines Tages entschieden sich die Konzernstrategen für den Markennamen Audi und ließen die Zweitaktmarke DKW sterben.

Die Sonne scheint. Munter schlängelt sich die Landstraße durch das Tal von Rehmerloh. Für die gemütliche Landpartie ist das Auto wie geschaffen. Die Bodenwellen vor Hävers Schule nimmt die Karosse

fleißig drehen; der dritte Gang reicht laut Betriebsanleitung bis 100 km/h. Das hört sich nach Quälerei an, aber bei niedrigen Drehzahlen tut sich einfach nichts. Unser Motor stammt aus dem Hause DKW, das mit Zweitaktern zur weltgrößten Motorradfabrik aufgestiegen und mit Kleinwagen erfolgreich war. Die Stärken des Zweitakters: Er ist klein, leicht, einfach gebaut und trotzdem kräftig. 1932 fusionierten DKW, Horch, Audi und Wanderer zur Auto Union. Nach dem Krieg wurden die Werke in der DDR zur VEB Sachsenring Automobilwerke Zwickau (IFA) formiert. Sie bauten fortan Trabants und MZ-Motorräder. Im Westen wurde die Auto Union neu gegründet, 1958

in aller Ruhe. Das Ulenburger Schloss, der Park, die Kastanienallee – Löhne kann so schön sein.

Auf der Rückfahrt durchs Werretal kommt endgültig Freude auf. Oberschenkel und Lenkrad geraten sich nicht mehr ins Gehege, an die Schaltung haben wir uns gewöhnt. Das Getriebe hält noch eine Spezialität bereit: den Freilauf. Das spart Sprit und erlaubt es, ohne Kuppeln und ohne Getriebegeräusch herunterzuschalten. Unglaublich.

Genau so unglaublich war der Preis des 1000 Spezial. Mit 12 000 DM war er noch teurer als Opels Sechszylinder-Schlachtschiff „Kapitän“. Mehr als 6000 Käufer haben nicht zugegriffen. Wer es tat, musste bald ganz tapfer

sein. Der Wertverlust des Coupés war noch rasanter als sein flottes Design. Schon bald interessierten sich die Studenten mit ihren schmalen Budgets für das Gefährt. Kurz vor Schluss kommt die Herforder Marterstrecke. Souverän rollt unser Coupé über die Werrestraße. Das Fahrwerk schluckt alle Stöße klaglos.
Das macht Oldtimerfreunden Spaß: Ein schmuckes Auto, charakterstark und ein bisschen seltsam, dabei locker zu fahren. Der deutsche Ami-Schlitten mit Trabi-Motörchen macht richtig Show – nicht nur bei Zivis, Schülerinnen und Biologen.

Technische Daten

Auto Union 1000 Sp Coupé

Baujahr:	1963
Motor:	DKW 3-Zylinder-2-Takt-Reihenmotor, 981 cm^3, 55 PS bei 4500 U/min, Wasserkühlung; max. Drehmoment 9 mkg bei 3000 U/min, Verdichtung 8:1
Getriebe:	4 vollsynchronisierte Vorwärtsgänge, 1 Rückwärtsgang, ausschaltbarer Freilauf, Frontantrieb
Kraftstoff:	Normalbenzin, Tank: 51 l; 2,75 l Ölbehälter; Frischölautomatik
Verbrauch:	10 – 12 l Gemisch 1:40
Höchstgeschwindigkeit:	140 km/h; Beschleunigung 0 – 100 km/h ca. 23 sec.
Fahrgestell:	geschlossener Kastenprofilrahmen, querliegende Blattfedern vorn und hinten
Wendekreis:	11,5 m
Bremsanlage:	Scheibenbremsen vorn, Trommeln hinten
Elektrik:	6 V
Leergewicht:	950 kg
Neupreis 1959:	11 950 DM mit Heizung, Gebläse, Liegesitzen, Scheibenwaschanlage

Zum Weiterlesen

Michael **Bach**: Alle Traktoren von Lanz. Köln 2001.

Peter **Conze** und Ralf **Lenge** (Red.): Ackern wie damals – Die Deutz-Legende in Bildern. Mit Fotografien von Wolfgang Schiffer. Münster-Hiltrup 2006.

Jürgen U. **Ebel** und Hansjürgen **Wenzel**: Die Baureihe 74. Die Geschichte der preußischen T 11 und T 12. Freiburg 1995.

Erik **Eckermann**: Vom Dampfwagen zum Auto. Motorisierung des Verkehrs. Reinbek bei Hamburg 1981 (=Kulturgeschichte der Naturwissenschaften und der Technik).

Gustav **Fischer**: Landmaschinenkunde. Stuttgart 1928. – Neudruck 2005.

Horst-Dieter **Görg** und Michael **Reipsch** (Hg.): Lastkraftwagen von Hanomag. Bielefeld 2006.

Thorsten **Heese**: Neue Wege durchs Land. 150 Jahre Eisenbahn im Kreis Herford. Bielefeld, 2. Aufl. 1998.

Klaus **Herrmann**: Pflügen, Säen, Ernten. Landarbeit und Landtechnik in der Geschichte. Reinbek bei Hamburg 1985 (=Kulturgeschichte der Naturwissenschaften und der Technik).

Andreas **Hochmuth**: Kommt Zeit, kommt Rad. Eine Kulturgeschichte des Radfahrens. Wien 1991.

Werner **Kuhn**: Die Holder Chronik. Ein Holder geht durch dick und dünn. Brilon 2003.

Regine **Krull**, Kerstin **Stockhecke**, Rüdiger **Uffmann**: Einmal 3. Klasse nach Enger… Die Geschichte der Herforder Kleinbahnen 1900 bis 1966. Bielefeld 1987.

Maxwell G. **Lay**: Die Geschichte der Straße. Vom Trampelpfad zur Autobahn. Aus dem Englischen von Thomas Pampuch und Timothy Slater, Frankfurt /M. 1994.

Manfred **Nabinger**: Hilfsmotoren, Stadtrutscher und Kleinmotorisierung. Die Geschichte der Kleinmotorisierung. Brilon 2003.

Akos **Paulinyi** und Ulrich **Troitzsch**, Mechanisierung und Maschinisierung 1600 - 1840, Frankfurt/M. 1991

Udo **Paulitz**: 1000 Traktoren. Geschichte, Klassiker, Technik. Köln o.J.

Joachim **Radkau**: Technik in Deutschland. Vom 18. Jahrhundert bis zur Gegenwart. Frankfurt/M. 1989.

Karl **Reese**: Horex-Motorräder. Lemgo 2. Aufl. 2006.

Gerd **Rohlfing** (Hg.): Die Weserhütte. Aufstieg und Niedergang eines Unternehmens. Bad Oeynhausen 1999.

Franz-Peter **Schollen** (Red.): Ackern wie damals – Unimog und MB trac in historischen Bildern. Mit Fotografien von Wolfgang Schiffer. Münster-Hiltrup 2008

Hans-Jörg **Schrenk**: Kutschen. Wagen und Anspannungen für Turnier- und Freizeitfahrer. Stuttgart 1989.

Markus **Spitz**: Kraftgas aus Holz zur allgemeinen Verwendung in Zündstrahl-Dieselmotoren. Aachen 1999.

Wilhelm **Treue**: Achse, Rad und Wagen. Fünftausend Jahre Kultur- und Technikgeschichte. München 1965.

Klaus-Jürgen **Vetter**: Das große Handbuch deutscher Lokomotiven. München 2001.